Der Scrum-Kurs

Jan Ahrend

Der Scrum-Kurs

Praxiseinstieg in die erfolgreiche Teamarbeit

mitp

Bibliografische Information der Deutschen Nationalbibliothek
Die Deutsche Nationalbibliothek verzeichnet diese Publikation in der Deutschen Nationalbibliografie; detaillierte bibliografische Daten sind im Internet über http://dnb.d-nb.de abrufbar.

Bei der Herstellung des Werkes haben wir uns zukunftsbewusst für umweltverträgliche und wiederverwertbare Materialien entschieden.
Der Inhalt ist auf elementar chlorfreiem Papier gedruckt.

ISBN 978-3-7475-0664-6
1. Auflage 2023

www.mitp.de
E-Mail: mitp-verlag@sigloch.de
Telefon: +49 7953 / 7189 - 079
Telefax: +49 7953 / 7189 - 082

natureOffice.com/DE-077-529981

Lektorat: Katja Völpel
Sprachkorrektorat: Petra Heubach-Erdmann
Covergestaltung: Christian Kalkert
Covergrafik: stock.adobe/Worawut
Satz: III-satz, Kiel, www.drei-satz.de
Druck: Plump Druck & Medien GmbH, Rheinbreitbach

Inhaltsverzeichnis

Kapitel 1

Einleitung

Die Corona-Krise ist kaum beendet, da wartet schon die nächste Krise auf uns. Der schönste Plan scheint es nicht mehr wert zu sein, erstellt zu werden. Sich ändernde Rahmenbedingungen rauben ihm die Grundlage. Die Paradigmen Planbarkeit und Stabilität erodieren. Es entstehen immer mehr unvorhersehbare Spezialfälle, die individuell betrachtet werden müssen. Einzelpersonen sind damit oft überfordert. Es braucht gut interagierende Teams, die miteinander kreativ und konstruktiv zusammenarbeiten. Sie können Probleme innovativ und nachhaltig lösen. Diese Teams lernen, in unsicheren Umfeldern zu handeln.

Manchmal entstehen solche Teams aus sich heraus. Oft braucht es jedoch einen Rahmen, in dem diese Art von Zusammenarbeit entstehen kann. Scrum kann ein solcher Rahmen sein. Die IT war schon sehr viel früher als andere Bereiche mit steigender Komplexität konfrontiert. In den neunziger Jahren scheiterten viele klassisch geplante Projekte an sich ändernden Rahmenbedingungen und Anforderungen. In dieser Zeit wurden das agile Manifest und Scrum entwickelt. Sie zeigten einen neuen veränderten, einen agilen Rahmen für die Projekte auf, der in neuen Kontexten erfolgreich sein konnte. Dieser Rahmen ist sehr flexibel und kann auch außerhalb der IT verwendet werden. Ein besonders interessantes Beispiel ist Edu-Scrum® von Willy Wijnands. Hier lernen Kinder in der Schule mit Scrum.

In diesem Buch wird ein ähnlicher Ansatz verwendet: Teams lernen Scrum mit Scrum. Das bedeutet, das Team fängt zunächst einfach an, ohne genau zu wissen, wie es funktioniert. Die Lern-Storys im Buch sind so aufgebaut, dass das Team genau die Themen als erste lernt, die es zuerst benötigt. Das Team wird durch einen ersten Sprint im Scrum-Prozess geleitet.

Mit diesem Buch können nicht nur Einzelpersonen, sondern ganze Teams gemeinsam Scrum lernen. Üblicherweise wird nur der Scrum-Master zwei Tage geschult und das Team bekommt keine Ausbildung. Das Buch soll eine Anregung für ganze Teams sein, gemeinsam das Lernen zu starten. Die Aufteilung des Buches strukturiert sich entlang des Scrum-Prozesses. Auf diese Weise können auch Teams ohne Vorwissen direkt in dieses Thema einsteigen.

Das Buch ist in viele kleine Lern-Storys aufgeteilt. Durch diese Struktur kann das Team selbst entscheiden, welche Inhalte relevant sind und welche zu seinem Wissens- und Praxisstand passen. Die Inhalte dieses Buches sind so aufbereitet, dass sie neben der Beschreibung im Text auch immer mit einer Grafik unterstützt werden. Die Grafik gibt jeweils einen Überblick über den ganzen Inhalt der Lern-Storys. Zusätzlich gibt es zu jedem Kapitel kleine Videos, mit denen das Team noch leichter in das Thema einsteigen kann.

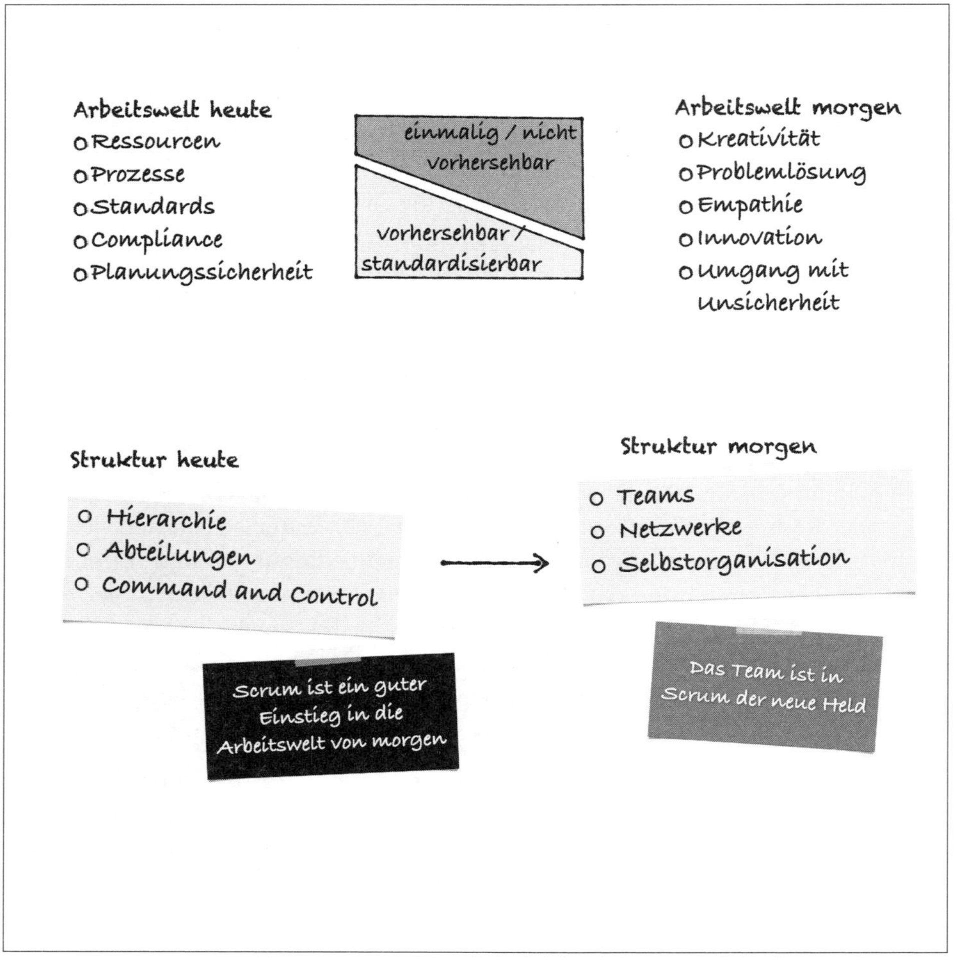

Abb. 1.1: Veränderung der Arbeitswelt

Der Vorteil von agilem Lernen ist, dass nicht mehr alle Teams dasselbe machen müssen. In Abbildung 1.2 ist aufgezeigt, wie die einzelnen Lern-Storys aus Kapitel 3 an den Level der Teams angepasst werden könnten.

Für Einsteiger ist es das Wichtigste, zunächst den Scrum-Rahmen gut zu begreifen. Wenn diese Struktur gefestigt ist, kann das Team die Lern-Storys aus dem nächsten Level auch nach und nach in die Folgesprints ziehen. Dies ist Teil des agilen Arbeitens. Die wichtigsten Dinge werden erst gelernt. Später werden sie sinnvoll ergänzt.

Teams, die schon Scrum praktizieren, können sich einzelne Storys aus dem Einsteiger-Level noch einmal vornehmen, steigen dann aber eher in die weiterführenden Themen ein.

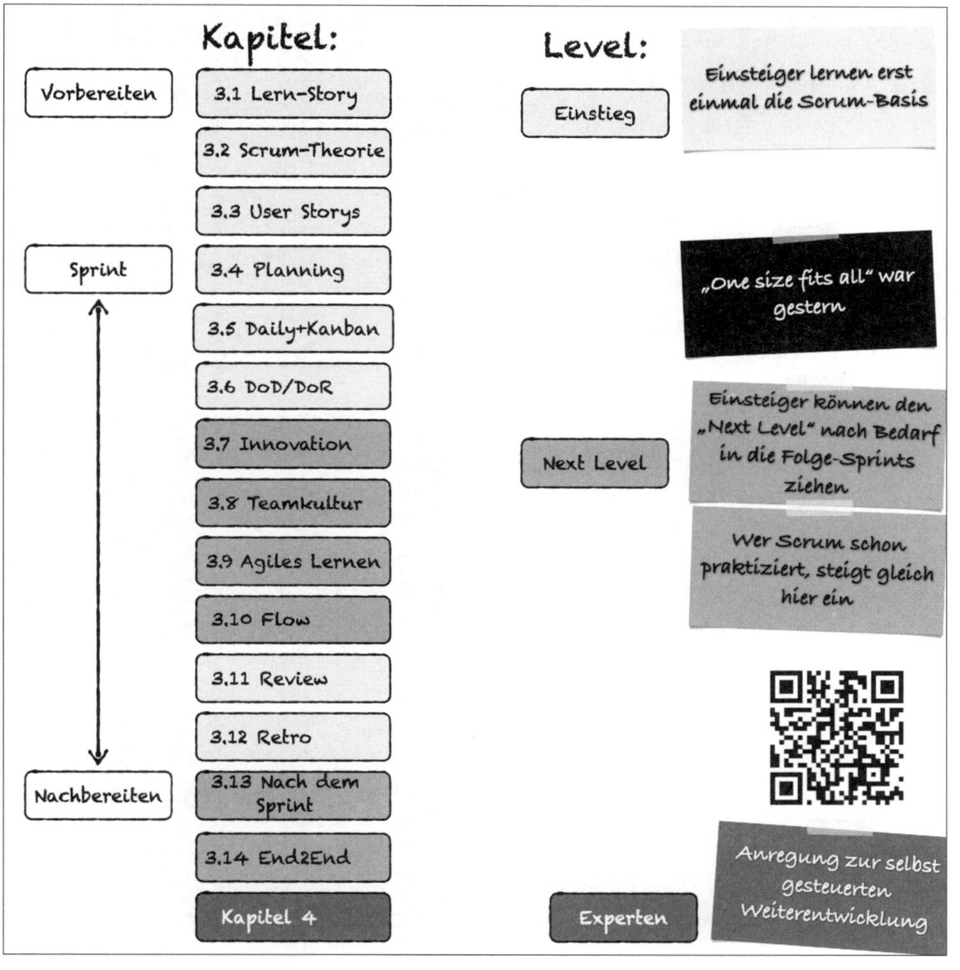

Abb. 1.2: Aufbau des Buches und Anpassung des Lernens

Das vierte Kapitel gibt allen Teams Anregungen, welche Themen sich gut mit Scrum verbinden lassen und wie das agile Lernen weitergehen könnte.

Für Teams, die Scrum außerhalb der IT anwenden wollen, ist in einigen Lern-Storys ein gewisser Transfer notwendig. Dies betrifft im Wesentlichen das Thema DoR/DoD und End2End. Die dort beschriebenen technischen Themen müssen durch andere Themen und Prozesse ersetzt werden. Das erfordert jeweils etwas Übersetzung in den eigenen Kontext.

Die in diesem Text verwendeten Fachbegriffe werden in den Kapiteln und am Ende des Buches im Glossar erklärt. Für den Einsteiger soll dies helfen, sich in die zum Teil amerikanisch geprägte Begriffswelt einzufinden.

Begriffe

DoR – Definition of Ready

Beschreibt, welche Kriterien von Anforderungen, die vom Team umgesetzt werden sollen, komplett erfüllt sein müssen.

DoD – Definition of Done

Beschreibt, welche Anforderungen erfüllt sein müssen, damit sie fertig sind.

End2End

Bezeichnet Prozesse von Anfang bis Ende. Dieser Begriff wird so im Wesentlichen im Software-Testing verwendet.

Lern-Story

Ist ein kleines definiertes Element für ein konkretes Lernergebnis.

Scrum-Master

Er coacht das Team zur optimalen Nutzung von Scrum. In seiner Verantwortung liegt der Prozess der Entwicklung.

Sprint

Ein Sprint ist ein vordefiniertes Zeitintervall, dessen Länge nicht diskutiert wird. Nach einem Sprint folgt immer der nächste Sprint. Es entsteht ein zyklisches Vorgehen.

Der in diesem Buch verwendete Scrum-Ansatz beschränkt sich nicht nur auf das Konzept von Scrum. In der Praxis wird Scrum um andere Prozesse und Modelle ergänzt, um erfolgreich zu sein. Die hier vorgenommenen Ergänzungen sind:

- Kanban und Flow
- Prototyping
- User-Storys
- Personas
- High-Performance-Teams von Google

All dies lohnt, es auszuprobieren. Ich wünsche viel Freude beim gemeinsamen Lernen und Experimentieren!

Kapitel 2

Grundlagen von Scrum

2.1 Scrum-Einführung als Transformation

Scrum ist ein Framework für Teams, wie sie gemeinsam in komplexen Umfeldern erfolgreich zusammenarbeiten können. Dieses Framework ist in der Praxis entstanden. Es wurde empirisch entwickelt. Dazu wurden immer wieder die Methoden der Zusammenarbeit von erfolgreichen Teams analysiert und kombiniert. Mit der Zeit entstand daraus Scrum. Der Begriff Scrum beschreibt einen Spielzug im Rugby, der übersetzt »Gedränge« heißt. Scrum kann bei neuen Erkenntnissen auch heute noch von den Erfindern angepasst werden, und in Details ist das in der Vergangenheit immer wieder geschehen. Hier handelt es sich jedoch wie erwähnt um kleine Detailanpassungen. Das Framework selber hat sich als sehr stabil herausgestellt.

Für die Einführung von Scrum gibt es eine sehr klare Empfehlung. Scrum als Framework ist eins zu eins einzuführen. An diesem Rahmen dürfen dabei keine Anpassungen vorgenommen werden. Das bedeutet, alle Rollen und Events sind so zu übernehmen. Auch die Prinzipien und Werte sind verpflichtend.

Für die Einführung von Scrum hat diese Empfehlung erhebliche Folgen.

Die »agile Zwiebel«[1] beschreibt die Ebenen von Agilität, die notwendig sind, um wirklich agil arbeiten zu können.

1. Tools und Prozesse sind dabei die unterste Ebene; sie sind entsprechend leicht zu lernen und zu implementieren.
2. Die nächste Ebene sind Prinzipien. Ein Beispiel für ein solches Prinzip ist das Timeboxing. Diese Prinzipien gelten übergreifend und stehen deshalb über den Prozessen. Mit etwas Praxis lässt sich verstehen, welchen Einfluss die Prinzipien auf die Umsetzung haben.
3. Die Ebene der Werte liegt über den Prinzipien. Ein Beispiel für einen Wert von Scrum ist Offenheit. Es wird von den Teams erwartet, dass sie offen miteinander und auch mit ihrem Umfeld kommunizieren. Werte lassen sich nicht so einfach implementieren. Je nachdem, welche Werte vorher in der Organisation gelebt wurden, kann dies eine große Veränderung bedeuten.

1 https://www.exanic.ch/de/blog/the-agile-onion-was-es-damit-auf-sich-hat/

4. Das Mindset beschreibt die Haltung eines Menschen zu der Welt. Wie sehe und interpretiere ich die Dinge um mich herum? Pessimismus und Optimismus sind zum Beispiel Teil des Mindsets. Das Mindset braucht sehr lange, um sich zu entwickeln. Hier werden viele neue Erfahrungen benötigt, um eine gewünschte Entwicklung zu unterstützten.

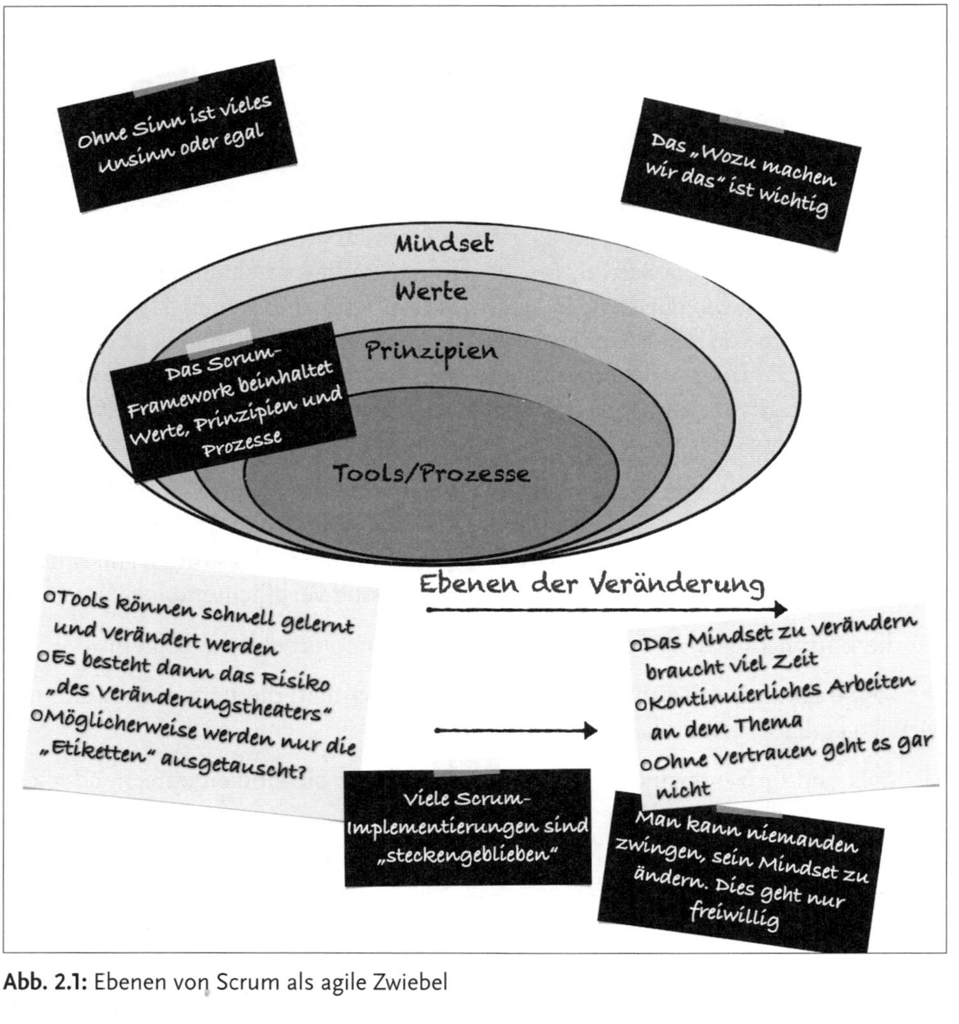

Abb. 2.1: Ebenen von Scrum als agile Zwiebel

Das Scrum-Framework beinhaltet die ersten drei Ebenen von Agilität. Diese müssen vorhanden sein, damit Scrum funktioniert. Für die Einführung von Scrum bedeutet dies, dass am Anfang der Einführung der Fokus auf den Tools und Prinzipien liegt. Diese werden zum Beispiel in einer Scrum-Schulung oder in diesem Buch vermittelt. Die Ebene der Werte und das dahinter liegende Mindset brauchen mehr Zeit des Teamcoachings und der gemeinsamen Reflexion.

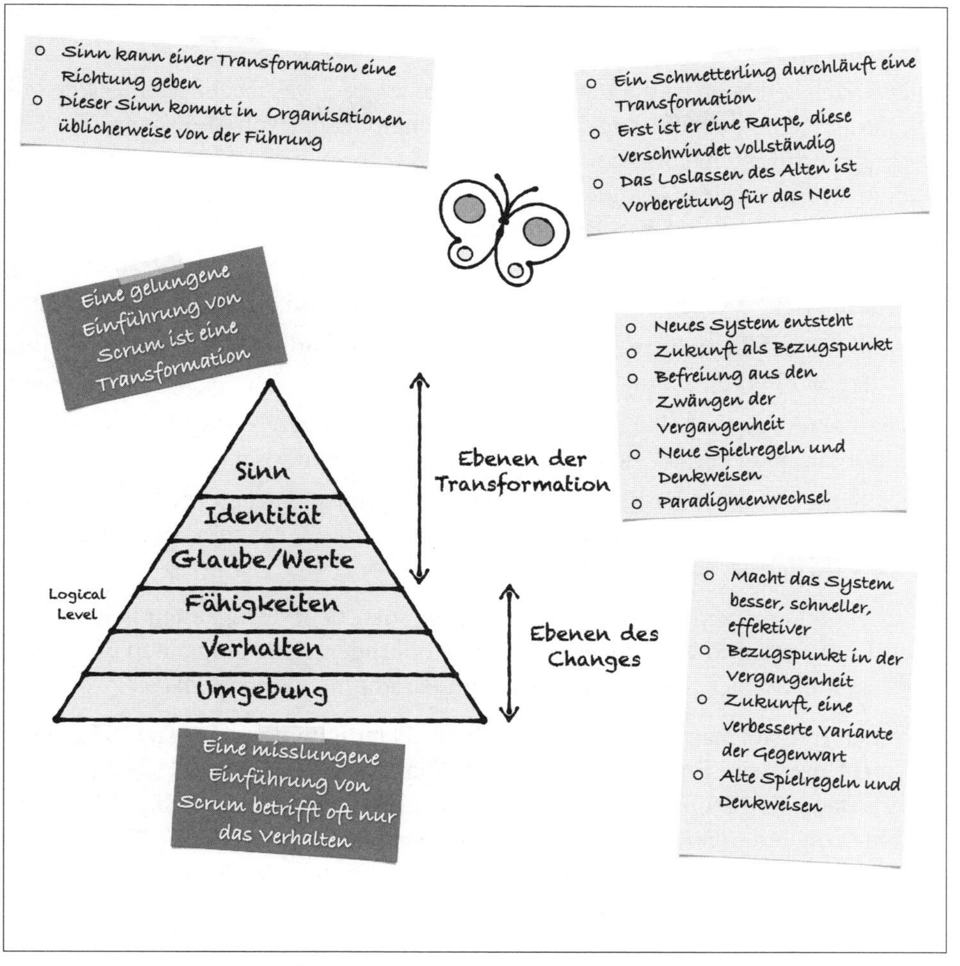

Abb. 2.2: Abgrenzung von Change und Transformation

Hier übernimmt üblicherweise der Scrum-Master die Rolle des Change-Verantwortlichen. Er entwickelt im Team kontinuierlich ein besseres Verständnis des Scrum-Prozesses. Dies ist keine leichte Aufgabe. Dieser Teil der Aufgabe ist auch nicht Teil der Scrum-Master-Zertifizierung. Viele Scrum-Master sind an dieser Stelle nicht auf das vorbereitet, was sie erwartet. Entsprechend viele Scrum-Implementierungen in Unternehmen bleiben deshalb auf den ersten beiden Ebenen stecken.

Um dies besser zu verstehen, ist es hilfreich, sich die Veränderung der Scrum-Einführung im Modell der »Logical Level«[1] anzusehen. Dieses Modell beschreibt, wie der Mensch verschiedene Ebenen in seiner Wahrnehmung gewichtet.

1 https://www.logicallevels.co.uk/pages/logical-levels-model-1

1. Die oberste Ebene ist der Sinn. Etwas Sinnvolles zu tun, ist für Menschen sehr bedeutsam. Sie müssen den Sinn erkennen können.
2. Die nächste Ebene ist die Identität. Wer bin ich und was ist Teil meiner Person? Hier entsteht auch die Zugehörigkeit zu einer Gruppe von Menschen. Ein Beispiel hierfür ist: Ich bin Mountainbiker und verbringe viel Zeit und Energie mit dem Radfahren im Gelände. Ich mache das mit Gleichgesinnten und gestalte meinen Urlaub mit Alpenüberquerungen mit dem Rad.
3. Darunter kommen die Werte und der Glaube. Welche Werte lebe ich? Für den Mountainbiker könnten dies zum Beispiel gesunde Ernährung und Fitness sein.
4. Fähigkeiten bilden die nächste Ebene. Ein Beispiel könnte hier sein, schnell und sicher von Bergen abzufahren.
5. Die Ebene des Verhaltens ist sehr stark durch die oberen Ebenen geprägt. Der Mountainbiker verhält sich kollegial zu seinen Mitstreitern.
6. Die Umgebung ist der Kontext, in dem das Verhalten gezeigt wird. Dies könnte ein Wochenendausflug mit Gleichgesinnten in die Berge sein. In diesem Kontext wird das Verhalten gezeigt.

Im Change-Management in Unternehmen werden neue Fähigkeiten gemeinsam gelernt und in der Praxis umgesetzt. Die Handlungen und Fähigkeiten der Mitarbeiter verändern sich. Es findet jedoch kein Paradigmenwechsel statt.

Bei einer Transformation hingegen findet ein Paradigmenwechsel statt. Hier werden nicht nur neue Fähigkeiten gelernt, sondern auch Werte und Haltungen verändert. Dazu sind Menschen in der Regel nur bereit, wenn sie den Sinn hinter der Veränderung erkennen können. Wozu brauchen wir Scrum? Dieser Sinn kommt in Unternehmen üblicherweise von der Führung. Diese wird als Sinnstifter für die Veränderung verwendet.

Da gibt es Antworten wie:

- »Wir machen jetzt Scrum, weil die Konkurrenz es auch macht«
- »Wir finden sonst keine neuen Bewerber mehr«
- »Das hat der Vorstand beschlossen«

Diese Art von Sinn kann von den Teams nicht verinnerlicht werden. Die Führung wird so ihrer Aufgabe als Sinnstifter nicht gerecht. Die Folgen für die Implementierung sind erwartungsgemäß erheblich. Im schlimmsten Fall ist die Folge »Agiles Theater«. Das geht recht einfach. Man schreibt das, was vorher Requirements waren, einfach in Storys. Es wird also nur das Etikett verändert. Im Sprint arbeitet man einfach einen kleinen »Wasserfall« ab. Auch das ist Etikettenschwindel. Retrospektiven lässt man am besten einfach ausfallen. So entsteht ein Pseudo-Scrum.

Dieses Thema ist hier an den Anfang gestellt, weil es das Wichtigste ist: die Klärung der Frage des Sinns der Scrum-Einführung. Ein nachvollziehbarer Sinn kann der Veränderung eine Richtung geben und das Team beflügeln. Gute Antworten auf die Frage des Sinns könnten so aussehen:

- »Die Qualität der Software muss besser werden. Wir haben einfach zu viele Bugs beim Kunden.« Da wäre dann auch deutlich, woran man den Erfolg der Einführung messen könnte – Anzahl der Bugs beim Kunden.
- »Wir müssen den Kunden stärker in die Entwicklung einbeziehen. Die Kundenzufriedenheit ist sehr niedrig.« (Kundenzufriedenheit als Messgröße für den Erfolg)

Scrum selbst betrachtet die Transformation der Scrum-Einführung nicht. Die Ebene der Führung wird in Scrum vollständig ausgeblendet. Das ist konsequent für die operativen Prozesse, weil die Führung hier keine Rolle hat. Für die Transformation könnte dies erheblichen Schaden anrichten.

Begriffe im Kapitel

Agiles Mindset
Ein agiles Mindset ist im weitesten Sinne ein bewegliches Mindset, das in der Lage ist, sich auf andere Meinungen und Perspektiven einzustellen. Dieser Perspektivwechsel ist mit Empathie verbunden und wird positiv erlebt.

Agile Werte
Ein agiler Wert ist zum Beispiel Transparenz. Dieser Wert verbessert die Möglichkeit von Agilität. Werte müssen von den Teams gelebt werden, um wirksam zu sein.

Prinzipien
Prinzipien unterscheiden sich von Tools. Sie sind auf einer höheren Ebene abstrakter. Wie und wann sie umgesetzt werden, braucht Erfahrung für die konkrete Umsetzung.

Tools und Prozesse
Sind Werkzeuge, die Agilität unterstützen. Manchmal ist es jedoch besser, sie nicht zu nutzen. Um das im Detail herauszufinden, braucht es Werte und Prinzipien.

Transformation
Ein Schmetterling durchläuft eine Transformation von der Raupe zum Schmetterling. Er ist nachher nicht mehr derselbe. Der Wesenskern hat sich verändert.

Change
Wenn ein Schmetterling einen halben Flügel verliert, ist das ein Change. Er ist in seinem Wesen unverändert und kann auch noch fliegen.

2.2 Der Paradigmenwechsel hinter Scrum

Das Cynefin-Modell[1] beschreibt erfolgreiche Denk- und Handlungsmuster in den verschiedenen Kontexten. Jeder Kontext hat ein anderes Muster. Deshalb steht im Zentrum die Frage nach dem Kontext. Die vier Kontexte sind durch die folgenden Attribute beschrieben.

- Einfach: Ursache und Wirkung stehen in direktem Zusammenhang und sind für jeden sofort ersichtlich. In diesem Kontext existiert Best Practice, und sie kann eins zu eins umgesetzt werden. Das Handlungsmuster ist, ein Problem erkennen, die Lage beurteilen und entsprechend der Best Practice zu reagieren. Ein Beispiel wäre, ein Fahrrad hat einen platten Reifen. Das ist sehr einfach zu erkennen. Die Beurteilung ist: Ich brauche mein Fahrrad und habe Flickzeug. Die Reaktion ist, ich schaue mir ein Reparaturvideo im Internet an und folge diesem Schritt für Schritt.
- Kompliziert: Ursache und Wirkung stehen immer noch in direktem Zusammenhang, sind aber nur noch für den Experten zu erkennen. Es gibt mehrere Best Practices. Ein Experte kann entscheiden, welche zur besten Lösung führt. Ein Beispiel wäre, ein Flugzeug hat einen Turbinenschaden. Das kann der Pilot anhand seiner Instrumente erkennen. In der Wartungshalle schaut sich ein Flugzeugmechaniker das Triebwerk an. Nach einigen Tests kommt er zum Urteil, die Turbine muss komplett getauscht werden. Das führt er mit seinem Team durch.
- Komplex: Ursache und Wirkung stehen nur noch schwach in Beziehung: Diese ist verdeckt, und es gibt ein Netzwerk aus sich gegenseitig beeinflussenden Faktoren. Best Practice gibt es nicht mehr, jede Lösung enthält neben verschiedenen Best-Practice-Elementen auch innovative neue Anteile. Das Lösungsmuster ist auf Basis einer ersten Hypothese, wie eine Lösung aussehen könnte, ein erstes Experiment zu gestalten. Am Ergebnis des Experiments lässt sich absehen, ob das Problem sich verändert hat. Danach kann entschieden werden, ob weitere Experimente nötig sind. Die Lösung entsteht in einem iterativen Suchprozess. Forschung ist ein gutes Beispiel für solche Suchprozesse.
- Chaos: Neben der Komplexität kommen hier möglicherweise noch exponentielle Reaktionen des Systems hinzu, die die Wirkung unerwartet vergrößern.

1 Cynefin Framework, Kurzversion `https://www.youtube.com/watch?v=N7oz366X0-8`, Langversion `https://www.youtube.com/watch?v=y6RfqmTZejU`

Hier muss in erster Linie zunächst die Lage stabilisiert werden. Jede Lösung ist neu. Für wirtschaftliches Handeln ist dieser Bereich nicht wünschenswert. Eine plötzliche Insolvenz wäre ein Beispiel für diesen Quadranten. Hier müsste erst einmal die finanzielle Lage wieder stabilisiert werden. Besonders gefährlich sind Systeme, die, aus dem einfachen Bereich kommend, kippen können. Das ist das sogenannte Cliff.

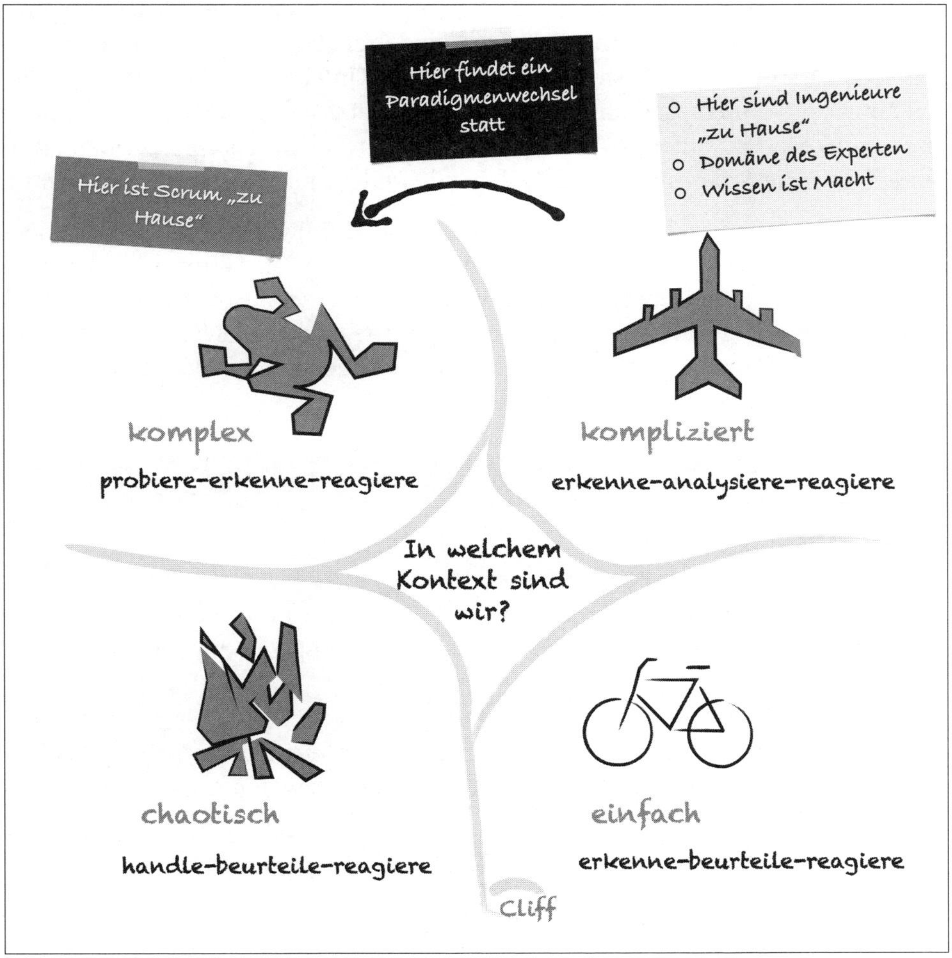

Abb. 2.3: Scrum im Cynefin-Modell

Wenn die Frage nach dem Kontext beantwortet werden kann, dann ist auch ein erfolgreiches Handlungsmuster als Rahmen für die Lösungsfindung deutlich. Fatal ist es jedoch, die Frage nach dem Kontext gar nicht zu stellen und einfach ein sehr vertrautes Handlungsmuster für alle Kontexte zu verwenden. Bei unterkomplexen Handlungsmustern droht ein völliges Scheitern. Überkomplexe Handlungsmuster erzeugen unnötigen Aufwand. Wenn ein Experte jahrelang in einem komplizierten Kontext agiert und dort sehr erfolgreich ist, kann er sich sehr leicht zu diesem Fehler hinreißen lassen. Besonders dann, wenn sein Kontext ganz langsam immer komplexer wird. Am Anfang kann er möglicherweise durch mehr Einsatz in der Analyse den Erfolg aufrechterhalten. Irgendwann wird ihn jedoch der Erfolg verlassen. Ein »Mehr vom Selben« wird ihm nicht helfen. Ein Paradigmenwechsel steht an. Der Experte muss beginnen zu experimentieren, um Lösungsmöglichkeiten zu testen. Dieser Paradigmenwechsel kann sehr viele negative Emotionen auslösen. Möglicherweise empfindet er das Expertentum bereits als Teil seiner Identität. Er hat sich eine Position im Unternehmen mit seinem Wissen aufgebaut – »Man fragt ihn um seinen Rat.« Jetzt soll er all dieses Wissen loslassen und experimentieren? Verlernen ist viel schwieriger als Neu-Lernen. Dazu braucht es neue Erfahrungen und begleitende Reflexion.

In der Softwareentwicklung hat genau dieser Paradigmenwechsel stattgefunden. Die Komplexität war nicht mehr durch Analyse handelbar. Scrum ist ein Vorgehensmodell der iterativen Schritte. Es wird in kurzer Zeit Software erstellt und dem Kunden übergeben. Dieser gibt Feedback. Die Änderungswünsche des Kunden werden willkommen geheißen. Dies entspricht genau dem Handlungsmuster im komplexen »probiere-erkenne-reagiere«.

Begriffe im Kapitel

Cynefin-Modell
Hier ist ein Modell nach verschiedenen Umwelten sortiert, um passende Denk- und Handlungsmuster zu bestimmen. Oft sind wir nicht gewohnt, diese Frage zu stellen, und wenden unsere präferierten Denk- und Handlungsmuster an.

Paradigmenwechsel
Ein Paradigma ist eine Grundannahme in einem System. Im westlichen Denken ist unser lineares Zeitverständnis tief verwurzelt. Dies zu ändern, wäre ein Paradigmenwechsel.

2.3 Scrum außerhalb der IT einführen

Innerhalb der IT ist es in der Regel nicht notwendig, die Rahmenbedingungen für die Einführung von Scrum zu prüfen. Für die Anwendung von Scrum außerhalb der IT ist dies jedoch zu prüfen. Die Aussage der Erfinder von Scrum ist an dieser Stelle sehr generisch. Scrum kann in jedem Umfeld eingesetzt werden. Das ist natürlich richtig. Die Frage ist jedoch, ob es sinnvoll ist und ob eventuell bessere Alternativen existieren.

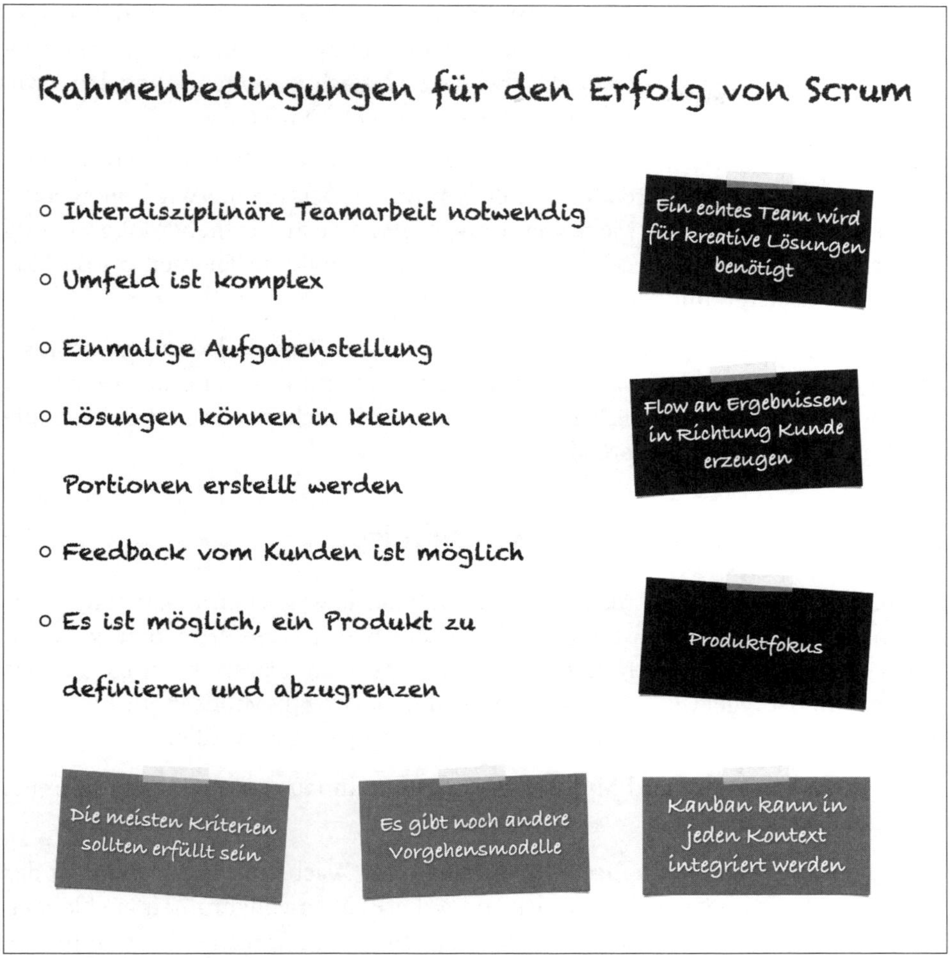

Abb. 2.4: Rahmenbedingungen für den Erfolg von Scrum

Es wäre theoretisch auch möglich, die Buchführung eines Unternehmens mit Scrum zu organisieren. Da Buchungen in ein Abrechnungssystem von der Komplexität zwischen einfach und kompliziert pendeln und von einer Einzelperson mit der entsprechenden Ausbildung vorgenommen werden können, ist es voraussichtlich nicht sinnvoll. Deshalb an dieser Stelle einige Kriterien für den erfolgreichen Einsatz von Scrum.

- Scrum ist ein Teamprozess. Wenn kein Team für die Erstellung der Ergebnisse benötigt wird, ist es vermutlich nicht sinnvoll, Scrum einzusetzen. Die oben erwähnte Buchung von Rechnungen benötigt kein Team und hat entsprechend auch keine Teaminteraktionen.
- Scrum ist ein Produktionsprozess. Es muss möglich sein, konkrete Ergebnisse zu erzeugen und diese dem Kunden zur Verfügung zu stellen, damit dieser

Feedback geben kann. Bei einem Atomkraftwerk würde das auf den ersten Blick nicht möglich sein, die Digitalisierung hat diese Grenze jedoch verschoben. Das Konzept eines Atomkraftwerks ließe sich mit einem digitalen Zwilling wieder in Teilen erstellen und virtuell ausliefern und testen.

- Scrum ist ein Produktprozess. Ohne ein abgrenzbares Produkt wird es sehr schwer, die Rolle des Product-Owners sinnvoll einzusetzen. »Wir wollen etwas für die Gesundheit der Menschen tun«, wäre keine ausreichende Abgrenzung für ein Produkt. Entsprechend schwer wird es, konkrete Themen im Backlog zu identifizieren und zu priorisieren.

Es müssen nicht zwingend alle Kriterien erfüllt sein. Dies sind keine Ausschlusskriterien. Sie sollen nur eine Richtung zeigen. Scrum auszuprobieren, kann immer inspirierende neue Erkenntnisse liefern. Möglicherweise gibt es Teile, die gut funktionieren, und andere, die weniger gut passen.

2.4 Agiles Mindset – Growth Mindset

Ein agiles Mindset könnte man wörtlich mit einer beweglichen Einstellung übersetzen. Das agile Mindset ist kein feststehender Begriff, und die Nutzung ist von vielen verschiedenen Motivationen geprägt. Deutlich klarer ist hingegen das Growth Mindset[1] gefasst. Für Scrum passt dieses Growth Mindset gut und kann deshalb gut zur Konkretisierung des Begriffs herangezogen werden.

Die Abgrenzung zum Fixed Mindset zeigt darüber hinaus auf, was nicht hilfreich in agilen Kontexten ist.

Herausforderungen als Chance zum persönlichen Wachstum anzusehen, ist der erste Aspekt. Das bedeutet nicht, dass man die Risiken vollkommen ausblendet. Es ist immer gut, Risiken klar im Blick zu haben, um entsprechend darauf reagieren zu können. Es geht bei dieser Haltung nicht nur um das Ergebnis. Ein Scheitern ist nicht wünschenswert. Es bietet vielfältige Möglichkeiten zu lernen. Die Grundhaltung ist das bewusste Annehmen von Herausforderungen als Lernchance.

Hindernisse sind dazu da, überwunden zu werden. Dazu braucht es eine beharrliche Zielverfolgung. Rückschläge sind Teil des Weges und kein Grund aufzugeben. Es geht darum, beharrlich weiterzugehen und auch immer wieder Neues auszuprobieren und sich dabei nicht entmutigen zu lassen.

Aufwand ist der persönlich investierte Teil zur Annahme von Herausforderungen. Ohne Aufwand sind keine Erfolge möglich. Es muss nicht alles schnell, problemlos und einfach sein. Der Lohn im Falle eines Erfolgs ist umso größer, je mehr man sich für das Ergebnis eingesetzt hat.

1 `https://zeitzuleben.de/growth-mindset/`

Kritik an der Person oder in der Sache bietet eine Chance zu lernen. Es gibt viele Perspektiven, und je mehr man kennt und integrieren kann, umso ausgewogener wird das eigene Handeln und das Selbstbild. Das kann kurzfristig durchaus schmerzhaft sein, langfristig hilft es der eigenen Entwicklung. Das aktive Einfordern von Feedback ist Teil dieser Haltung.

Sich an den Erfolgen anderen mitzufreuen, vergrößert den Erfolg aller. Empathie für andere ist die Grundlage für eine gute Zusammenarbeit. Diese Erfolge lassen sich als Quelle der Inspiration für eigene Erfolge nutzen. Möglicherweise sind diese Erfolge auf einem Weg zustande gekommen, den man niemals für möglich gehalten hätte.

	Fixed Mindset	Growth Mindset
Herausforderung	Risiko zu scheitern vermeiden	Eingehen, um zu wachsen
Hindernisse	Aufgabe bei Rückschlägen	Ziele beharrlich weiter verfolgen
Aufwand	die Dinge sollten schnell und einfach sein	lohnender Preis für Erfolge
Kritik	Wird als persönliche Attacke gewertet	Ist wichtig, um zu lernen
Erfolg anderer	erzeugt Neid und Unsicherheit	Ist eine Quelle der Inspiration

Abb. 2.5: Das Growth Mindset als Team-Mindset für Scrum

Ein wichtiger Aspekt des Growth Mindsets fehlt jedoch im Vergleich mit dem agilen Mindset. Ein agiles Mindset beinhaltet einen Team-Aspekt. Es geht nicht um beste Individualisten, die ihr Wachstum optimieren, es geht auch um das Team insgesamt. Dazu gehört es auch, sich gegenseitig zu unterstützen und als Team gemeinsam erfolgreich zu sein und als Team zusammenzuwachsen. In der Summe entsteht dann eine Teamkultur, die von allen gelebt wird. Dazu gehört auch, dass Individuen, wenn es nötig sein sollte, ihre Bedürfnisse hinter die Bedürfnisse des Teams stellen. Für Scrum ist dieser Aspekt sehr wichtig.

Begriffe im Kapitel

Growth Mindset
Ein solches Mindset sieht sich selbst als lernendes Wesen. Jede wie auch immer geartete Rückmeldung unterstützt dieses Wesen. Lernen wird positiv gewertet.

Fixed Mindset
Betrachtet sich als statisch. Veränderung wird als negativ oder schmerzhaft erlebt und entsprechend gemieden.

2.5 Scrum-Werte

In der Ausbildung von Scrum-Mastern zur Zertifizierung ist es in der Regel mit dem Auswendiglernen und dem richtigen Ankreuzen im Test getan. In der Praxis sieht das allerdings ganz anders aus. Dort sollten die Werte eine kontinuierliche Herausforderung darstellen, noch näher an das Werte-Ideal heranzukommen. Hier ist nicht nur der Scrum-Master als Coach, sondern das ganze Team gefordert.[1]

Bei der Einführung von Werten lautet die Devise nicht »je mehr, desto besser«. Man kann Werte auch übertreiben. Sparsamkeit kann ein guter Wert sein. Jemand anderes würde eine bestimmte Lebensform dieses Wertes eventuell schon als Geiz bezeichnen. Das richtige Maß und die Balance von Werten ist die Herausforderung in der Werteentwicklung. Eine wichtige Klärung für die Einführung ist die Frage: »Woran erkennen wir, dass wir diesen Wert leben?« Die Antwort beschreibt dann zwei Dinge. Das erste ist genau die Balance des Wertes. Das zweite ist die Erwartung, Werte zu leben. Es gibt viele tolle Werte in Unternehmensbroschüren, die in der Praxis keine Relevanz haben. Werte und Werteentwicklung sind nicht statisch. Das ist nicht einmal eingeführt und dann ist man fertig mit dem Thema. Es braucht eine kontinuierliche Betrachtung und Reflexion. Genau wie Werte kann man auch das übertreiben. Dann wandelt sich ein Scrum-Team zum Ethikrat.

1 https://www.scrum.org/resources/scrum-guide

Mut benötigt jeder Einzelne im Team. Die Themenfelder an sich, die dieser Mut zeigen sollte, sind zum Beispiel innovative neue Lösungskonzepte oder Technologien. Es erfordert Mut, sich auf neue Herausforderungen einzulassen, aber auch das Abschneiden alter Zöpfe. Wenn vollkommen veraltete Teile neu gebaut werden, braucht es diesen Mut. Das gilt auch im Kleinen, wenn Software neu strukturiert und optimiert wird. Auch hier ist das Risiko, Fehler zu erzeugen, erheblich. Den Mut braucht es jedoch nicht nur für die Umsetzung. Diesen Mut braucht es auch im Team. Sich ehrlich auf Augenhöhe zu begegnen und miteinander um die beste technische Lösung zu ringen, benötigt Mut. Dabei können Konflikte entstehen, zu deren Lösung es auch wieder Mut braucht, sie anzugehen.

Der Fokus auf die Lösung eines Problems ist wichtig. Das Gegenteil von Fokus wäre Multitasking. Das Ideal wäre, dass das ganze Team nur eine einzige Story gemeinsam bearbeitet, diese fertigstellt und dann die nächste nimmt. Das wird in der Praxis so nicht umsetzbar sein. Es ist völlig okay, mehrere Storys gleichzeitig in Arbeit zu haben. Der Fokus geht aber irgendwann verloren. Genau diese Balance zu erkennen, ist wichtig. Ein anderer Aspekt, in dem sich dieser Scrum-Wert ausdrückt, ist, dass Scrum erwartet, dass die Mitarbeiter zu 100% Teil des Scrum-Teams sind. Sie sollen sich ganz auf dieses eine Thema konzentrieren können. Der Scrum-Master hat darüber hinaus zu unterbinden, dass Externe fachliche Anforderungen direkt an das Team stellen. Er schützt sein Team, damit es den Fokus auf die Lösung der Storys im Sprint und das Sprintziel halten kann.

Engagement wird sehr gerne als selbstverständlich angenommen. Das sollte es aber nicht sein. Dabei geht es besonders um das Engagement für das Team und für die Erfüllung der selbst gesetzten Sprintziele. Dieser Wert lässt sich sehr gut durch positive Wertschätzung entwickeln. Engagement bemerken und möglicherweise sogar loben, kann einen großen Unterschied machen.

Respekt für die Kollegen und deren Leistungen im Team ist eine wichtige Grundlage für gute Zusammenarbeit. Diesen Respekt und die Wertschätzung auszudrücken, hilft bei der Entwicklung dieses Wertes. Möglicherweise braucht es manchmal auch die Benennung von respektlosem Verhalten. Grundsätzlich sollte es aber keine Werte-Polizei geben, die Werteverstöße aufdeckt und ahndet. Dies muss die Ausnahme bleiben. Das positive Vorleben von Werten ist notwendig für die Entwicklung von Werten.

Offenheit braucht es in der Kommunikation im Team und auch außerhalb des Teams. Probleme wirklich zu benennen und offen Lösungen zu diskutieren, ist die Grundlage für gute Ergebnisse. Auch die Offenheit bezieht sich nicht nur auf fachliche Themen. Es geht auch um die Beziehungsebene. Einem anderen Teammitglied ehrlich Feedback zu geben, benötigt gleich zwei Werte, Offenheit und Mut. Idealerweise nimmt das Gegenüber das Feedback noch als Hinweis zur persönlichen Entwicklung, was den Kreis zum agilen Mindset schließt.

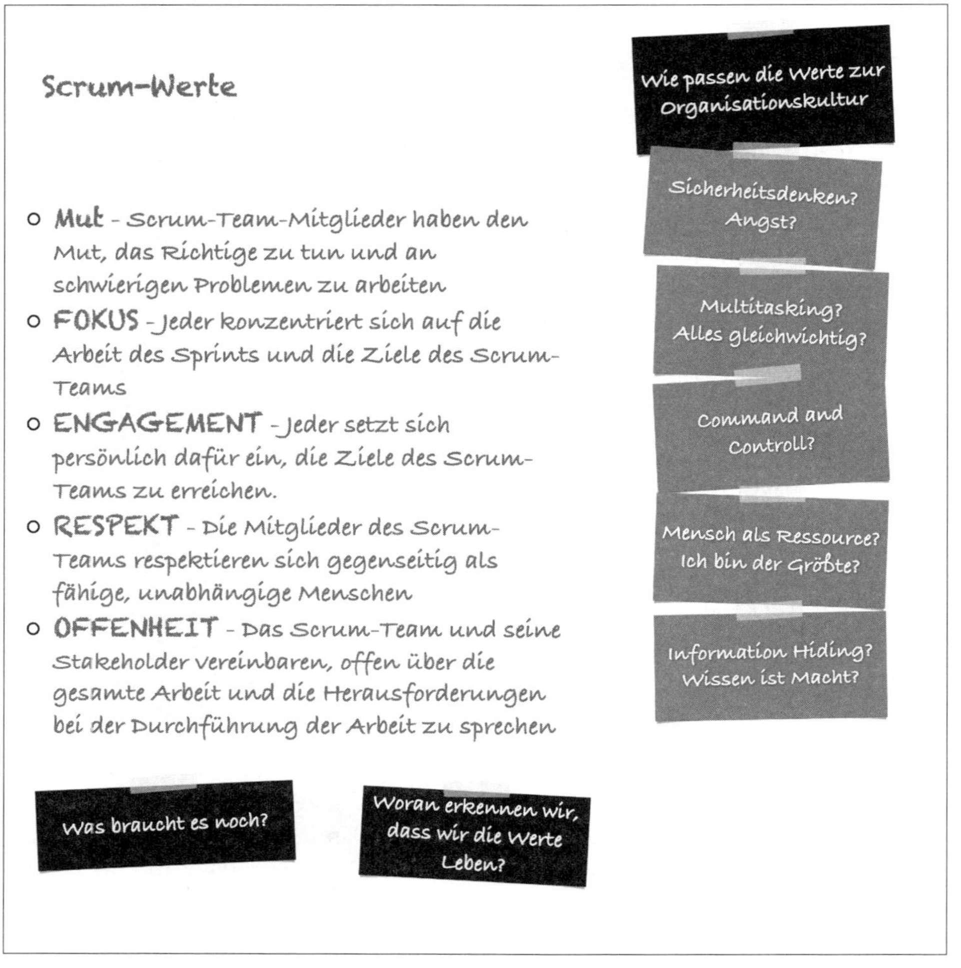

Abb. 2.6: Notwendige Werte für das Scrum-Framework

Möglicherweise gibt es noch weitere Werte, die für das Team wichtig sind. Die fünf Scrum-Werte sind nicht wie die Zehn Gebote zu verstehen. Hier ist das Team frei, weitere Werte für sich zu entdecken und zu leben. Ein Beispiel für einen interessanten Wertekandidaten wäre: Vertrauen.

All diese Werte sind Teil von Scrum, damit der Scrum-Prozess richtig vom Team gelebt werden kann. Die bisherige Betrachtung war auf das Team bezogen und wie das Team selbst diese Werte einführen und immer weiter entwickeln kann. Es gibt jedoch noch eine zweite Perspektive. Das sind die gelebten Unternehmenswerte außerhalb des Scrum-Teams. In einem Umfeld, in dem erwartet wird, perfekt und fehlerfrei zu sein, kann es sehr verstören, wenn Probleme offen und direkt angesprochen werden. Dies fällt besonders bei den ersten Teams auf, die Scrum praktizieren. Diese Wertedifferenz zu den Unternehmenswerten ist ein mögliches Spannungsfeld nach außen, das Konfliktpotenzial birgt. Dieses Thema ist besonders für den Scrum-Master wichtig, um sein Team zu schützen und nach außen positiv darzustellen.

Begriffe im Kapitel

Scrum-Werte
Sind gelebte Werte, durch die Scrum erst wirklich funktioniert. Sie können im Konflikt zu Werten einer Kultur oder einer Organisation stehen.

2.6 Scrum-Säulen

Die Scrum-Säulen der Scrum.org sind vom Begriff her eher verwirrend. Vom Inhaltlichen her sind sie eine Fortsetzung der Werteliste. Wenn Scrum ein Haus wäre, würde das Fundament das Vertrauen im Team untereinander darstellen und das Vertrauen der Organisation in das Team. Vertrauen beschleunigt Prozesse. Das Gegenteil wäre Misstrauen. Wenn ich jemandem misstraue, dann brauche ich immer wieder Prüfungen, um sicherzugehen, nicht »übers Ohr gehauen zu werden«. Solche Prüfungen oder auch Widerstände verlangsamen Prozesse. Wenn ich einem Kollegen vertraue, dass er seinen Teil der Besprechung direkt am selben Tag umsetzt, benötige ich keine unterschriebenen Protokolle, die ich über E-Mail an große Verteiler sende.

Die Säulen, die das Scrum-Haus tragen, sind Transparenz und die englischen Begriffe Inspect & Adapt, also zu Deutsch: prüfen und anpassen. Die Transparenz wird in allem benötigt, in den Prozessen, den Meetings, den Ergebnissen. Transparenz ist eine wichtige Grundlage für Selbstorganisation. Wenn sich jeder über alles schnell ein vollständiges Bild verschaffen kann, ist es einfach möglich, gute Entscheidungen zu treffen. Von diesen vielen kleinen guten Entscheidungen, die vom Team getroffen werden, lebt Scrum. Auch hier hilft es zu überlegen, was das Gegenteil wäre. Intransparenz schafft Machtzentren des Wissens. Sie verlangsamt die Prozesse, weil ich erst einmal versuchen muss, alle nötigen Informationen zusammenzutragen, um entscheiden zu können. Am Ende schafft sie auch Unsicherheit, weil ich nie sicher sein kann, genug zu wissen. Das hemmt die Entscheidungsfreude und damit alle Prozesse. Vertrauen und Transparenz sind die Basis der Selbstorganisation.[1]

1 `https://www.scrum.org/resources/scrum-guide`

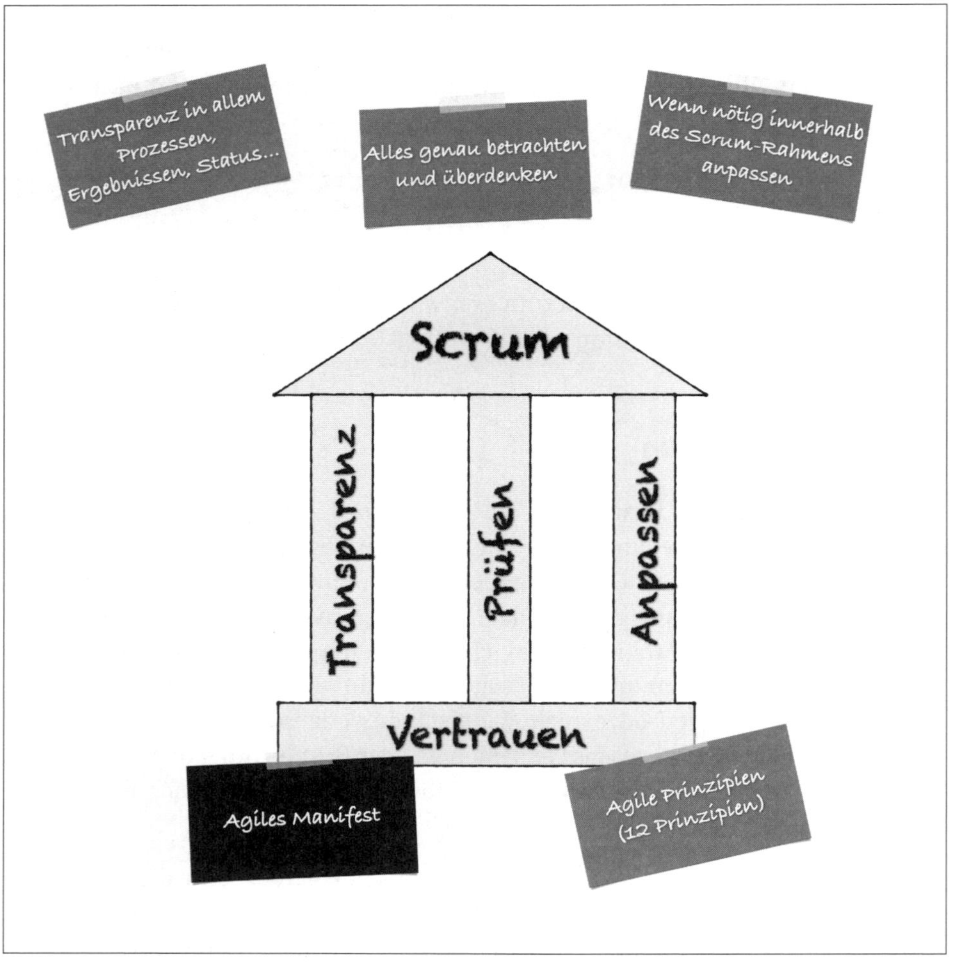

Abb. 2.7: Säulen des Scrum-Frameworks

Inspect & Adapt gehören zusammen. Sie bilden einen Kreislauf. Im Grunde stellen sie einen verkleinerten Demming-Cycle dar. Der Inspect-Teil bedeutet, dass ich kritisch auf die Dinge schaue und sie gegebenenfalls hinterfrage. Die Fragen, die hinter der kritischen Haltung stehen, sind so etwas wie: »Brauchen wir das?«, »Können wir das besser machen?« Im Toyota-Modell hat es eine Nähe zu Mudra und Kaizen. Wenn ich durch dieses kritische Hinterfragen etwas entdecke, das anders besser gemacht werden könnte, dann probiere ich es aus. Wenn nötig, stimme ich mich natürlich mit meinen Kollegen im Team dazu ab. Die Haltung des Hinterfragens und die Haltung des leichtgewichtigen Veränderns sind Teil des Optimierungsprozesses in Scrum. Jeder, der etwas sieht, was falsch oder überflüssig ist, ändert es. Wenn Teams mit Scrum beginnen, kann das sehr verwirren, und viele trauen sich noch nicht. Die Retrospektive ist ein sicherer Ort, an dem das ganze Team zusammenkommt und gemeinsam Themen anschaut und versucht, sie besser zu machen. Erfahrene Teams nehmen dann diese gelernte Haltung mit und ändern immer mehr direkt, wenn sie es feststellen.

Begriffe im Kapitel

Demming-Cycle
Handlungszyklus für zyklisches Arbeiten nach Eduard Demming (Plan, Do, Check, Act)

Scrum-Säulen
Dies sind die Grundpfeiler, auf denen das Scrum-Framework entstanden ist.

2.7 Scrum-Prinzipien

Die Scrum.org definiert den Scrum-Prozess in ihrem Scrum-Guide. Dort sind keine Scrum-Prinzipien vermerkt. Es geht also auch ohne. Man kann sie auch weglassen. Hier möchte ich trotzdem welche erwähnen, weil sie zum besseren Verständnis beitragen, wie Scrum funktioniert.[1]

Prinzipien sind etwas anderes als ein Kochrezept. Sie stehen in der Agilen Zwiebel über den Tools und Prozessen. Prinzipien geben der Handlung eine Richtung, wie sie ausgeführt werden soll, weniger, was ausgeführt werden soll. Sie gelten nicht in jeder Situation. Es benötigt Erfahrung bei der Anwendung von Prinzipien. In Scrum hat der Scrum-Master die Rolle des Coaches. Für ihn sind diese Prinzipien besonders interessant. Sie zeigen eine erste Richtung für sein Coaching auf, in die er das Team entwickeln kann. Die Anzahl der Prinzipien ist für den Anfänger auf den ersten Blick sicher etwas verwirrend. Diese Verwirrung löst sich schnell in der Praxis auf. Die Prinzipien kommen aus der Praxis und fühlen sich nach kurzer Zeit der Nutzung bereits selbstverständlich an.

Eine Timebox ist einfach ein festes Zeitfenster. Ein Meeting oder ein Agendapunkt in einem Meeting könnte eine Timebox haben. Das würde bedeuten, dass nach Ablauf der Zeit, unabhängig vom Ergebnis, das Meeting oder der Agendapunkt beendet wird. Timeboxen sind oft recht knapp gewählt, um den Fokus des Teams auch auf die Zeit zu legen. Jeder beginnt sich zu fragen: Braucht es meinen Beitrag in Anbetracht der knappen Zeit wirklich? Das Team bekommt mehr Fokus auf das Ergebnis. Manchmal gibt es auch Diskussionen, die sich im Kreis drehen. Solche Diskussionen würde die Timebox einfach abschneiden. Das Team und der Scrum-Master als Moderator lernen gemeinsam, welchen Wert die Timebox für

1 https://lucidspark.com/de/blog/einfuehrung-in-scrum

den Prozess der Lösungsfindung hat. Für erfahrene Scrum-Teams ist es etwas sehr Selbstverständliches.

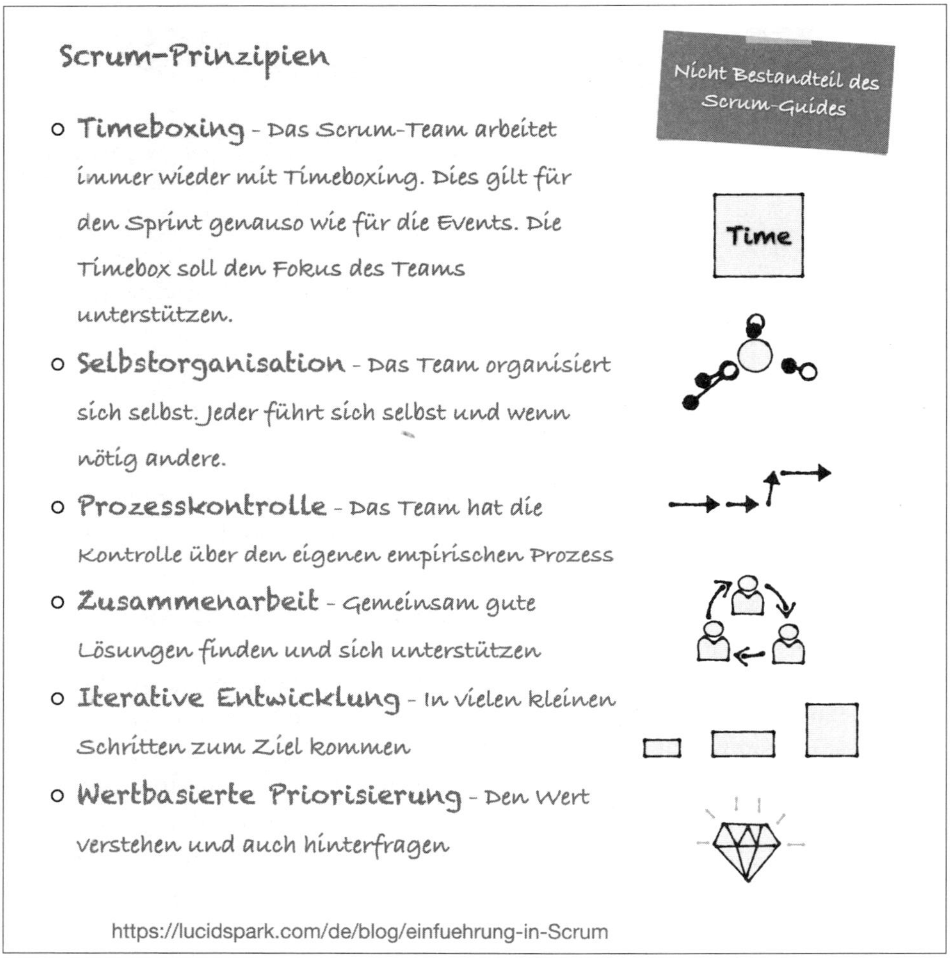

Abb. 2.8: Scrum-Prinzipien aus der Praxis

Das Team organisiert sich selbst. Es gibt keinen Planer, der einen Plan schreibt. Das Team plant den Sprint. Dazu muss sich das Team selbst organisieren. Der Scrum-Master unterstützt diese Selbstorganisation mit seiner Moderation. Er dient dem Team damit, er steuert es nicht. Die Architektur der Software entsteht aus dieser Selbstorganisation. Auch hier gibt es nicht einen Architekten, der ein Modell entwirft. Jeder macht Architektur für den Teil, den er umsetzt, und dort, wo es nötig ist, stimmt er sich ab. Jedes Team geht dabei einen etwas anderen Weg. Das ist Teil der Flexibilität, die die Selbstorganisation bietet.

Empirische Prozesskontrolle meint im Grunde dasselbe wie Inspect & Adapt. Die konkreten Prozesse anpassen, wenn es nötig ist.

Zusammenarbeit ist so selbstverständlich, dass sie gerne übersehen wird. Das Team soll als Team zusammenarbeiten. Das bedeutet zum Beispiel, dass ein Entwickler, wenn er mit einer Story fertig ist, fragt, ob jemand Hilfe bei seiner Aufgabe benötigt, bevor er etwas Neues anfängt. Auch Praktiken wie Pair-Programming würden dieses Prinzip unterstützen. Scrum ist immer Team-Sport.

Iterative Entwicklung entsteht durch das Arbeiten in Sprints. Am Anfang werden einige wenige Storys an den Kunden übergeben. Im nächsten Sprint werden es mehr. Die Lösung wächst Schritt für Schritt. Nach jedem Schritt hat der Kunde die Möglichkeit, Feedback zu dem zu geben, was da ist. Dabei ändert sich möglicherweise die Lösung bereits, bevor sie fertig ist. Diese vielen kleinen Schritte sind notwendig, weil nur die Praxis entscheiden kann, ob eine Lösung wirklich gut funktioniert. Alles vorher theoretisch zu durchdenken, wäre nicht möglich und auch viel zu aufwendig.

Die wertbasierte Priorisierung betrifft das Backlog der zu entwickelnden Funktionen. Wert ist dabei in erster Linie Kundenwert. Es kann aber auch einen technischen Wert für das Gesamtsystem geben. Die wertvollsten Dinge werden zuerst umgesetzt. Wertlose Dinge werden spät entwickelt oder besser noch weggelassen. Der Wert sollte dabei allen klar sein.

Begriffe im Kapitel

Scrum-Prinzipien
Sind Glaubenssätze für die Ausrichtung der Prozesse.

Timebox
Hier wird eine Handlung nach einer vorher bestimmten Zeit beendet. Jedes Ergebnis wird nach Ablauf der Timebox akzeptiert. Dies hilft den Teams, in der Regel den Fokus für diese Zeit auf einem Thema zu halten. Die Ergebnisse werden oft in kürzerer Zeit besser.

Iteration
Ist ein Vorgehen in Schleifen. In jedem Schleifendurchlauf wird etwas ergänzt. Ein organisches Wachstum kann entstehen.

2.8 Agile Manifesto

Auch das agile Manifest ist nicht Bestandteil der Scrum-Definition von Scrum.org. Es gibt nur einige Blog-Artikel auf der Site, die den Bezug näher beschreiben. Für das Verständnis von Scrum und für das Lernen von agilem Arbeiten ist es auf jeden Fall hilfreich, es zu kennen. Sie unterstreichen noch einmal die Radikalität des Paradigmenwechsels, der mit dem agilen Arbeiten einhergeht.

- Individuen und Interaktionen – mehr als Prozesse und Werkzeuge
- Funktionierende Software – mehr als umfassende Dokumentation
- Zusammenarbeit mit dem Kunden – mehr als Vertragsverhandlung
- Reagieren auf Veränderung – mehr als das Befolgen eines Plans

Die Punkte beschreiben Spannungsfelder, auf denen eine Verschiebung erfolgt. Diese Verschiebung bedeutet nicht, dass z.B. Prozesse und Werkzeuge wertlos sind. Es geht um die Verschiebung der Priorität. Der Fokus sollte sich verschieben. Es kann immer noch sehr wichtige Prozesse geben. Möglicherweise gibt es jedoch gute Gründe, sich in einer Situation nicht an einen Prozess zu halten. Kreative Arbeit muss auch manchmal ungewöhnliche Wege gehen, um zu einem Ziel zu gelangen.

Das agile Manifest hat die Softwareentwicklung aus dem Würgegriff des klassischen Projektmanagements befreit. Dieses Projektmanagement hat mit seiner Prioritätensetzung keine funktionale Umgebung für das Erstellen von Software mehr bereitstellen können. Sehr viele klassische Projekte sind gescheitert. Dort ging es vornehmlich um Prozesse, Dokumentation, Verträge und Pläne. Scrum hat den Projektmanager durch das Scrum-Framework ersetzt. Das war seinerzeit eine sehr revolutionäre Handlung und keineswegs unumstritten. Vor diesem Hintergrund wird die Auswahl der Themenfelder verständlicher.

Zu dem Manifest wurden noch 12 Prinzipien ergänzt, um der neuen Arbeitsweise eine klarere Richtung zu geben.

Wir folgen diesen Prinzipien:

1. Unsere höchste Priorität ist es, den Kunden durch frühe und kontinuierliche Auslieferung wertvoller Software zufriedenzustellen.
2. Heiße Anforderungsänderungen selbst spät in der Entwicklung willkommen. Agile Prozesse nutzen Veränderungen zum Wettbewerbsvorteil des Kunden.
3. Liefere funktionierende Software regelmäßig innerhalb weniger Wochen oder Monate und bevorzuge dabei die kürzere Zeitspanne.
4. Fachexperten und Entwickler müssen während des Projekts täglich zusammenarbeiten.
5. Errichte Projekte rund um motivierte Individuen. Gib ihnen das Umfeld und die Unterstützung, die sie benötigen, und vertraue darauf, dass sie die Aufgabe erledigen.

6. Die effizienteste und effektivste Methode, Informationen an und innerhalb eines Entwicklungsteams zu übermitteln, ist im Gespräch von Angesicht zu Angesicht.
7. Funktionierende Software ist das wichtigste Fortschrittsmaß.
8. Agile Prozesse fördern nachhaltige Entwicklung. Die Auftraggeber, Entwickler und Benutzer sollten ein gleichmäßiges Tempo auf unbegrenzte Zeit halten können.
9. Ständiges Augenmerk auf technische Exzellenz und gutes Design fördert Agilität.
10. Einfachheit – die Kunst, die Menge nicht getaner Arbeit zu maximieren – ist essenziell.
11. Die besten Architekturen, Anforderungen und Entwürfe entstehen durch selbstorganisierte Teams.
12. In regelmäßigen Abständen reflektiert das Team, wie es effektiver werden kann, und passt sein Verhalten entsprechend an.

Das agile Manifest[1] ist im Gegensatz zu Scrum auf die Softwareentwicklung beschränkt. Vermutlich ist dies ein Grund, es nicht in Scrum aufzunehmen. Wer Scrum außerhalb der IT einführt, sollte dann dieses Manifest als Inspirationsquelle nutzen. Eine Eins-zu-eins-Umsetzung wird in der Regel nicht gelingen.

2.9 Elemente des Scrum-Frameworks

Scrum ist ein Framework für lebendige Teaminteraktionen für gut funktionierende Teams. Friedrich Glasel hat die Grundelemente guter Teamarbeit herausgestellt. Diesen Grundelementen sind in Abbildung 2.9 die Elemente des Scrum-Frameworks zugeordnet.

Ein Team braucht eine Vision. In welche Richtung sind wir gemeinsam unterwegs? Wohin geht unsere Reise? Diese Vision braucht einen konkreten Produktbezug. Hier ist es nicht mit austauschbaren Kalendersprüchen getan. »Worldclass Innovative Software« reicht einfach nicht. Welches Kundenproblem soll gelöst werden? Was ist der Mehrwert? Was macht das Produkt einzigartig? Das sind Fragen, die bei der Visionsdefinition helfen können. Verantwortlich für die Produktvision ist im Scrum-Framework der Product-Owner. Die Rolle wird später im Detail beschrieben.

1 https://agilemanifesto.org/iso/de/manifesto.html

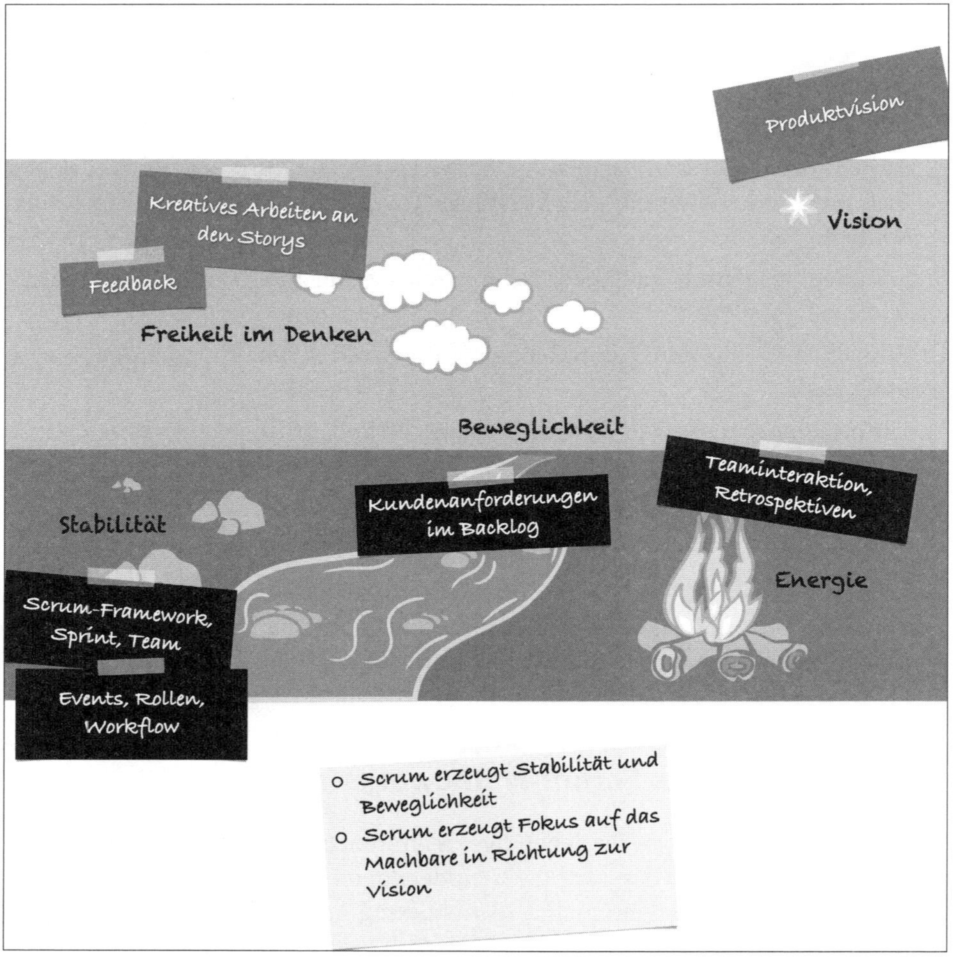

Abb. 2.9: Scrum als Rahmen für Führung des Teams

Es braucht Freiheit im Denken. Scrum schafft einen Rahmen für kreatives Arbeiten. Softwareentwicklung ist ein kreativer Prozess. Das Team benötigt diese Freiheit in Verbindung mit einem schnellen Feedback vom System und vom Kunden. Wenn das Denken zu früh eingeschränkt werden würde, würde die Produktqualität leiden. Es braucht ein fortwährendes Experimentieren und neues Ausprobieren. Dieser Lernprozess benötigt schnelle Rückmeldungen zum schnellen Lernen.

Beweglichkeit und Stabilität sind als Balance zu verstehen. Es wird beides benötigt. Zu viel von einem der Elemente schafft Probleme. Auch ein Zuviel von Beweglichkeit ist nicht sinnvoll und wünschenswert. Das Scrum-Framework selbst erzeugt Stabilität. Es definiert einen sicheren Rahmen, in dem das Team arbeiten kann. Dieser Rahmen ist fix und nicht diskutierbar. Ein Vorstand würde dies zum Beispiel lernen, wenn er mit einer neuen Produktidee auf das Scrum-

Team zugeht und eine Umsetzung erwartet. In den aktuellen Sprint dürfen nachträglich keine Storys nachgeschoben werden, auch nicht vom Vorstand. Der Scrum-Prozess, die Events geben dem Team Stabilität.

Die Beweglichkeit in Scrum ist auf einen ganz bestimmten Bereich beschränkt. Das sind die Kundenanforderungen. Der Kunde darf zu jeder Zeit neue Ideen entwickeln und das Backlog jederzeit damit erweitern. Auch die Reihenfolge, was als Erstes gemacht werden soll, darf jederzeit umgestellt werden. Diese Beweglichkeit gilt allerdings nicht für den Teil des Backlogs, der aktuell umgesetzt wird. Dieser ist fix, da darf der Kunde nichts mehr ändern.

Das Element Energie wird bei vielen Scrum-Implementierungen sehr gerne übersehen. Man macht formal irgendwie alles richtig, aber wenige stehen wirklich dahinter. Es ist keine Energie zu spüren. Scrum funktioniert nicht mit einer »Dienst nach Vorschrift«-Einstellung. Das fängt oft bei fehlenden Visionen an. Das Team soll etwas erreichen wollen, sich selbst ausprobieren wollen, gemeinsam etwas schaffen wollen, ein gutes Produkt erschaffen, die Prozesse verbessern wollen. Ein Event, das dem Team Raum gibt, gemeinsam als Team Fortschritte zu machen, ist die Retrospektive.

Die weiteren Details des Scrum-Frameworks sind in den entsprechenden Lernsektionen dargestellt. Dort werden alle Rollen und Events erklärt. Dieser Teil wurde vorangestellt, um das Zusammenspiel der Elemente besser zu erklären. Es geht im agilen Arbeiten um die Balance dieser Elemente, nicht um die strikte Einhaltung von Prozessen und Rollen. Ein lebendiges Miteinander ist die Grundlage für gute Agilität.

Begriffe im Kapitel

Retrospektive
Nur das Scrum-Team trifft sich, um gemeinsam Verbesserungen zu finden und zu beschließen. Diese Verbesserungen werden direkt im nächsten Sprint umgesetzt. Der Scrum-Master moderiert dieses Meeting.

Scrum-Framework
Modell für die Zusammenarbeit im Team. Dieser Rahmen für die Zusammenarbeit muss in den jeweiligen Arbeitskontext eingepasst werden.

Product-Owner
Verantwortet die Abstimmung von Produktanforderungen in der Organisation. Er ist für die Entwicklung des Produkts verantwortlich. Steht dem Team jederzeit für Fragen zum Produkt und Detailklärungen zur Verfügung.

Scrum-Master
Er coacht das Team zur optimalen Nutzung von Scrum. In seiner Verantwortung liegt der Prozess der Entwicklung.

Product-Backlog
Priorisierte Liste von Anforderungen. Üblicherweise besteht das Backlog aus User-Storys. Es ist in der Verantwortung des Product-Owners. Es dürfen jederzeit Änderungen vorgenommen werden.

Sprint-Backlog
Liste der Anforderungen, die das Team plant, in einem Sprint umzusetzen. Das Team ist der Owner dieser Liste. Nur mit Zustimmung des Teams dürfen Änderungen vorgenommen werden.

User-Story
Leichtgewichtige Art, Anforderungen aus Perspektive des Anwenders darzustellen.

2.10 Kanban-Modell

Der Vollständigkeit halber ist hier auch noch das Kanban-Modell erklärt. Das liegt daran, dass sich Kanban unmerklich in viele Scrum-Implementierungen »einschleicht«. Es ist ein sehr erfolgreiches leichtgewichtiges Modell, das sich problemlos in alle Kontexte integrieren lässt, also auch in Scrum. Das Ziel von Kanban ist es, den Flow der Arbeit zu managen und zu optimieren. Die Ergebnisse der Arbeit sollten konstant in Richtung Kunde fließen. Alle Tools und Praktiken sollen dabei unterstützen, den Flow zu managen. Alle bestehenden Rollen sind in Kanban willkommen. Auch der Prozess selbst muss nicht verändert werden. Kanban verändert nur die Steuerung des Flows. Kanban selbst ist ein Teil des Toyota-Produktionssystems. Der Name kommt von den Signalkarten für die Materialsteuerung der Produktionsmaterialien. Später wurde es in die IT und in viele andere Bereiche übertragen. In der IT wird es von vielen als besonders hilfreich empfunden, weil die Arbeit in der IT für viele am Prozess Beteiligte »unsichtbar« ist. Das ändert Kanban. [1]

Die Kanban-Prinzipien geben den Rahmen für die Einführung von Kanban. Zum Start vom Kanban müssen weder Prozess noch Rollen verändert werden. Man beginnt dort, wo man ist, und führt dann viele kleine Verbesserungen durch. Diese Verbesserungen werden durch die Kanban-Praktiken unterstützt. Führung

1 `https://www.scaledagileframework.com/team-kanban/`

auf allen Ebenen zu unterstützen bedeutet, jedem am Prozess Beteiligten, der über das Wissen verfügt, zu ermöglichen, steuernd in den Prozess einzugreifen. Im Toyota-Produktionssystem kann ein Bandarbeiter die gesamte Autoproduktion stoppen, wenn er einen kritischen Fehler entdeckt. Dazu braucht es weder Hierarchien noch Formulare. Die Verantwortung für den Prozess wird von allen gemeinsam getragen, die daran beteiligt sind.

Kanban beginnt immer mit der Visualisierung des Arbeitsflusses auf einem großen Board. Der Workflow mit allen seinen Arbeitsschritten bildet die Spalten, durch die die Arbeit von links nach rechts auf dem Board läuft. Die Arbeit ist in der Regel durch Klebezettel visualisiert. Auf diesen Zetteln ist die Aufgabe notiert. Diese Boards sind auch digital zum Beispiel in Jira, einem agilen Projektmanagement-Tool, vorhanden.

Ein zentraler Aspekt der Steuerung des Arbeitsflusses ist die Reduzierung des »Work in Progress« durch WIP-Limits. Ein WIP-Limit von fünf bedeutet zum Beispiel, dass nicht mehr als fünf Karten in der Spalte sein dürfen. Bevor eine neue ergänzt werden darf, muss eine der fünf abgearbeitet werden. Dadurch, dass weniger Arbeit im Gesamtsystem ist, läuft die Arbeit schneller durch das System und wird damit planbarer. Dieser Fokus auf weniger Karten hilft in der Vermeidung von Multitasking. Aus der Sicht von Kanban ist angefangene Arbeit Verschwendung. Dort wurde bereits viel in Arbeit investiert, aber sie stellt noch keinen Wert für den Endkunden dar. Wenn eine Reparaturwerkstatt 100 Autos für die Reparatur auseinandergeschraubt hat, aber noch keines wieder zusammen, kann kein Auto an den Kunden übergeben werden. Kanban würde versuchen, die Anzahl der zu reparierenden Autos zu reduzieren, um sie sofort an den Kunden zu übergeben. Abläufe managen, meint genau diese Art der Steuerung. Dazu ist es wichtig, dass die Prozessrichtlinien für alle einsehbar dokumentiert werden. Das Team, das Kanban praktiziert, soll der Eigentümer dieser Richtlinien sein und sie jederzeit anpassen können, wenn es nötig ist. Das Team darf die WIP-Limits jederzeit ändern. Möglicherweise sind viele Mitarbeiter krank oder im Urlaub, und eine Anpassung ist sinnvoll. Feedbackschleifen sind wichtig, um das Ergebnis der Arbeit im ganzen System zu verstehen. Das Kanban-Team reflektiert in regelmäßigen Abständen, wie der Flow verbessert werden kann. Möglicherweise stauen sich in bestimmten Arbeitsschritten immer wieder Karten. Das Team würde dann gemeinsam überlegen, wie es diesen Stau auflösen kann. Möglicherweise helfen andere Mitarbeiter? Oder es benötigt mehr Mitarbeiter? Oder der Vorprozess muss angepasst werden?

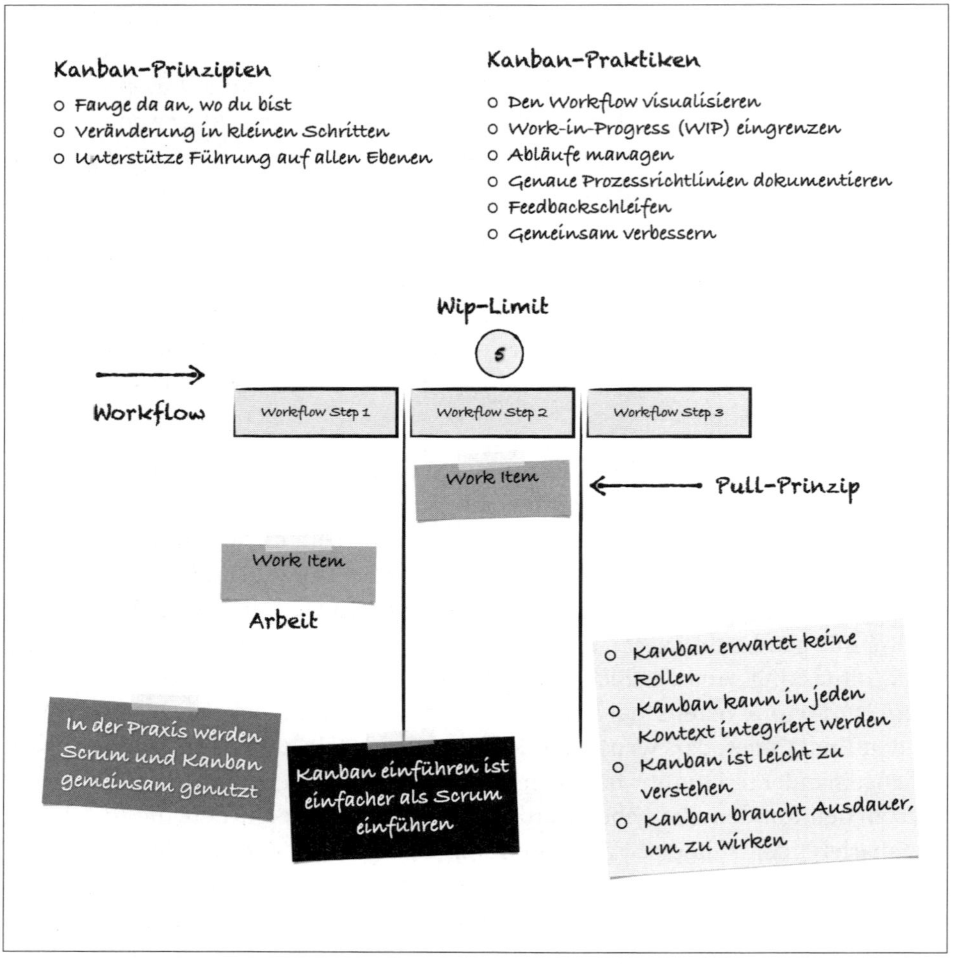

Abb. 2.10: Prinzipien und Praktiken von Kanban

Über die Anwendung von Kanban kann man ganze Bücher füllen. Hier geht es um einen ersten Überblick. In den einzelnen Kapiteln des Workshops werden konkret Kanban-Praktiken im Team für Scrum nutzbar gemacht. Sie werden dort detailliert beschrieben.

Begriffe im Kapitel

Kanban

Kommt aus dem Toyota-Produktionsprozess. Es ist dort ein Steuerungsprozess mithilfe von Signalkarten.

Kanban-Prinzipien
Sie geben auf der Meta-Ebene eine Ausrichtung. Wie sie angewendet und implementiert werden, braucht Erfahrung.

Kanban-Praktiken
Sind konkrete Tools und Prozesse für die Umsetzung.

Work-in-Progress-Limit
Ist eine Zahl, die nicht überschritten werden darf. Sie hat das Ziel, die angefangene Arbeit zu begrenzen, um den Durchfluss zu erhöhen.

Workflow
Ist eine Abfolge von Arbeitsschritten, die immer gleich ist.

Pull-Prinzip
Wenn eine Aufgabe erledigt ist, wird die nächste gezogen. Der Arbeiter bestimmt diesen Zeitpunkt selbst.

2.11 Agiles Lernen

Im folgenden Kapitel wird Scrum in viele kleine Teile (Lern-Storys) zerlegt. Das ist für ein Buch etwas ungewöhnlich und behindert den Lesefluss eher, als dass es nachvollziehbar wäre. Um diesen Teil besser verstehen zu können, wird hier der Ansatz des agilen Lernens dargestellt. Dazu lohnt es, den Kontext von Unternehmen noch einmal genauer anzusehen.

Heute ist Lernen wissensorientiert und wird formal ausgeführt. Bestimmte Inhalte, die für alle identisch sind, werden in Schulungen vermittelt. Die Freigabe erfolgt in der Regel über die Führungskraft, die von der Notwendigkeit und dem Mehrwert überzeugt werden muss. Scrum wird aktuell in den verbreiteten Zertifizierungen genau so unterrichtet. Da wird der Scrum-Master zwei Tage auf eine Schulung geschickt. Danach zeigt er durch einen Ankreuztest, dass er die Begriffe und Konzepte zuordnen kann. Dann übernimmt er ein Team. Eigentlich fängt das Lernen jetzt erst an. Jetzt lernt das ganze Team voneinander und miteinander. Das wird in der Regel nicht begleitet. Das Wissensvermitteln ist vom Handeln getrennt. Entsprechend theoretisch ist es oft ausgerichtet. [1]

In der Zukunft wird ein anderes Lernen benötigt. Es muss viel mehr um Kompetenzen gehen. Eine viel stärkere Integration in die Praxis ist notwendig. Dazu braucht es viele kleine Nuggets, die dem Team individuell helfen. Das Team gestal-

1 `https://www.scaledagileframework.com/team-kanban/`

tet den eigenen Lernweg eigenverantwortlich und intrinsisch motiviert. Der Trainer wird dabei zum Lernbegleiter. Er muss selbst nicht mehr der Fachexperte sein. Wissen ist überall verfügbar. Er moderiert den Prozess des Lernens und Reflektierens. Die gemeinsame Suchfrage ist: »Was brauchen wir, um gemeinsam erfolgreich zu sein?« Dieser Prozess endet nicht oder nur phasenweise. Wenn diese Art des Lernens erfolgreich implementiert werden kann, hat das eine strategische Relevanz. Viele aktuelle Themen, wie Agilisierung oder Digitalisierung, sind im Grunde nur riesige Lernfelder, durch die die Teams ihren eigenen Weg finden müssen. Dann entsteht so etwas wie eine Lernkultur im Unternehmen. Diese ist ein strategischer Vorteil im Wettbewerb. Diese Lernkultur ist gleichzeitig auch eine Fehlerkultur: Das Scheitern wird zu einem Schritt im Lernprozess. Es verliert seinen Schrecken.

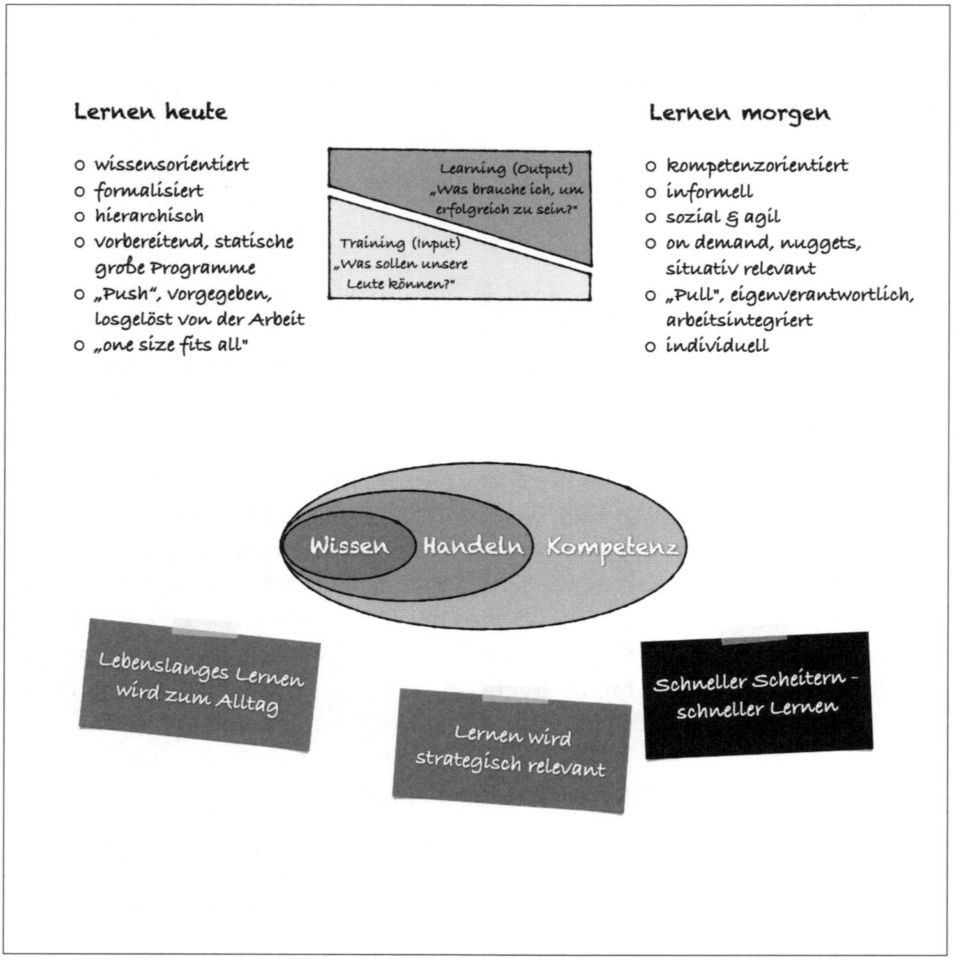

Abb. 2.11: Agiles Lernen für den Aufbau von Kompetenzen

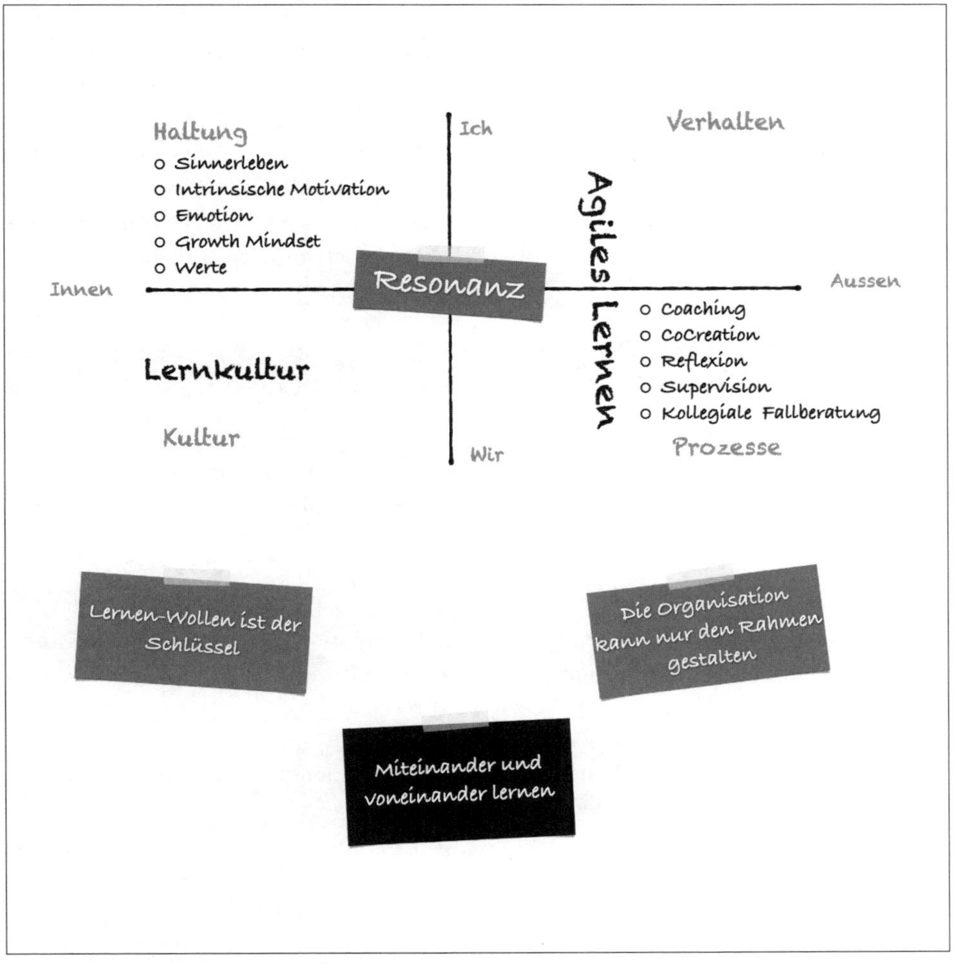

Abb. 2.12: Agiles Lernen im Modell von Ken Wilber

In Abbildung 2.12 ist agiles Lernen in die Quadranten von Ken Wilber eingetragen. Die Lernkultur ist im Feld »wir« – also auf Unternehmensebene und im Innern – sie ist unsichtbar. Das agile Lernen selber ist im Feld »Außen« – also sichtbar und auch auf Unternehmensebene. Agiles Lernen funktioniert umso besser, je ausgeprägter die Lernkultur vorhanden ist. Für das Lernen braucht es auch das Ich – die individuelle Ebene. Das ist die Haltung jedes Einzelnen im Team. Das Team muss verstehen, was der Sinn des Lernens ist. Sonst wird es als sinnlos erlebt. Das Interesse jedes Einzelnen muss geweckt werden. Wenn ein Thema auf Unternehmensebene mit dem Interesse des Teams übereinstimmt, dann lernt das Team von allein. Man muss es möglicherweise sogar noch bremsen. Das agile Lernen in diesem Buch bedient sich im Wesentlichen der Methoden CoCreation und Reflexion. In den Lern-Storys sind konkrete Akzeptanzkriterien definiert. Diese beschreiben, was das Team gemeinsam für den eigenen Prozess erstellen soll, um die Story abzuschließen. Reflexion wird benötigt, um den allgemein gehaltenen Input an die konkrete Situation des Teams anzupassen. Wenn das Team zum Beispiel gemeinsam eine »Definition of Done« erzeugt, muss es verstehen, was es genau braucht, um »fertig« zu definieren. Möglicherweise müssen bestimmte Tests durchgeführt werden, bestimmte Standards oder Metriken sind einzuhalten. Dabei lernt das Team eine Kompetenz. Diese Kompetenz kann es auch Monate später nutzen, wenn die »Definition of Done« noch einmal angepasst werden muss.

Begriffe im Kapitel

Kompetenz
Zur Kompetenz braucht es mehr als Wissen und Fähigkeit. Es braucht auch noch Erfahrung aus verschiedenen Situationen und Reflexion über den Einsatz und den Wert.

Resonanz
In der Physik beschreibt Resonanz ein Mitschwingen. Hier geht es um ein inneres Mitschwingen oder Anklingen von äußeren Faktoren.

Agiles Lernen
Ist mehr als bewegliches Lernen. Der Lernende steuert auch seinen Lehrplan nach seinen Interessen und Bedürfnissen.

Lernkultur
Ist eine Kultur, in der Entwicklung und Veränderung integriert sind.

Haltung
Ist ein Selbstbild, wie ich in der Welt stehe und stehen möchte.

Coach
Ist ein Unterstützer in Veränderungen. Er begleitet den Prozess, ohne die Lösung vorzugeben.

Input-Geber
Experte für ein kleines Thema, der es aufbereitet und präsentiert.

Sprint
Ein Sprint ist ein vordefiniertes Zeitintervall, dessen Länge nicht diskutiert wird. Nach einem Sprint folgt immer der nächste Sprint. Es entsteht ein zyklisches Vorgehen.

Lern-Sprint

Ist ein Zeitintervall für Lernen. Durch die Wiederholung und Variation kann das Wissen verändert oder erweitert werden.

Agiles Mindset

Ein agiles Mindset ist im weitesten Sinne ein bewegliches Mindset, das in der Lage ist, sich auf andere Meinungen und Perspektiven einzustellen. Dieser Perspektivwechsel ist mit Empathie verbunden und wird positiv erlebt.

Growth Mindset

Ein solches Mindset sieht sich selbst als lernendes Wesen. Jede wie auch immer geartete Rückmeldung unterstützt dieses Wesen. Lernen wird positiv gewertet.

Timebox

Hier wird eine Handlung nach einer vorher bestimmten Zeit beendet. Jedes Ergebnis wird nach Ablauf der Timebox akzeptiert. Dies hilft den Teams, in der Regel den Fokus für diese Zeit auf einem Thema zu halten. Die Ergebnisse werden oft in kürzerer Zeit besser.

Iteration

Ist ein Vorgehen in Schleifen. In jedem Schleifendurchlauf wird etwas ergänzt. Ein organisches Wachstum kann entstehen.

Kapitel 3

Scrum lernen mit Scrum

Der folgende Teil des Buches ist das priorisierte Lern-Backlog für das Lernen von Scrum. Die Themen sind in der Reihenfolge geordnet, in der das Team sie braucht. Die Dinge, die am Anfang eines Sprints benötigt werden, stehen oben im Backlog. Alles, was später benötigt wird, steht weiter unten. Auf diese Weise ist es möglich, Scrum mit Scrum zu lernen. Das, was man gerade benötigt, lernt man genau an diesem Schritt. Auf diese Weise ist es möglich, Theorie und Praxis zu verbinden und direkt während des Handelns zu lernen. Der benötige Input für dieses Lernen ist im jeweiligen Kapitel zusammengefasst. Derjenige, der die Rolle des Input-Gebers innehat, sollte dieses Kapitel durcharbeiten und präsentieren. Zusätzlich sind noch Links zu kleinen Erklär-Videos bereitgestellt, die es ermöglichen, im Team selbst das Thema schon einmal aufzubereiten. Es ist leichter, ein kurzes Video an der Bushaltestelle zu schauen, als ein ganzes Kapitel durchzulesen. Wenn einige Mitglieder im Team das Video schauen, können sie den Input-Geber, wenn nötig, unterstützen.

3.1 Arbeiten mit Lern-Storys

In Scrum wird der Begriff »Item« verwendet, was man gut mit »Element« übersetzen kann. In Scrum gibt es keine spezifische Technik für die Erstellung von Anforderungen. Wichtig ist nur, dass sie klein und handhabbar für das Team sind. In der Praxis haben sich User-Storys bewährt. Das Format der User-Story wird für das Lernen angepasst. Das Ergebnis ist die Lern-Story. Sie hat sich in der Praxis bewährt, um flexibel kleine Teile direkt in die Praxis umsetzen zu können. Der große Vorteil für Teams, die mit Scrum arbeiten, ist, dass diese Lern-Storys wie alle anderen Storys behandelt werden können. Sie werden einfach alle vom Team in den Sprint gezogen und abgearbeitet. Auf diese Weise ist es möglich, in einem Sprint gleichzeitig am Produkt zu entwickeln und zu lernen. Das Lernen ist kein getrennter Prozess mehr, für den man Seminarräume oder Trainer benötigt. Es wird Teil des normalen Arbeitens. Dieser Schritt ist nicht nur für das Lernen von Scrum wichtig, sondern auch, nachdem Scrum bereits gelernt wurde. Das Team hat damit die Möglichkeit, das, was es lernen möchte, einfach zu lernen. Ganz selbstverständlich einfach im Sprint. Dazu ist es lediglich notwendig, eine Lern-Story zu schreiben und diese umzusetzen.

Zum Arbeiten mit Lern-Storys benötigt es die folgenden Rollen:

- Ein Coach steuert den Lernprozess, indem er Fragen stellt. Möglicherweise hinterfragt er Lösungen. Er moderiert das Team hin zu Ergebnissen und gibt Feedback. Dieser Coach ist im Scrum-Team der Scrum-Master.
- Das Team ist in Scrum auch einfach zu identifizieren. Es ist das Development-Team und der Product-Owner. Der Product-Owner hat für die folgenden Lern-Storys keine besondere Rolle. Er ist Teil des Teams.
- Der Input-Geber ist jemand, der den Input für die Lern-Story vorbereitet hat. Er vermittelt den initialen Input an das Team. Jeder im Team kann zum Input-Geber für einzelne Themen werden. Auch mehrere Input-Geber gleichzeitig sind denkbar. Diese Rolle wird nur ganz am Anfang eines Lern-Sprints benötigt. Wenn das Team den Input verstanden hat, wird diese Rolle nicht mehr benötigt. Es ist auch denkbar, dass der Scrum-Master am Anfang Input-Geber ist und dann moderiert. Der Übergang sollte dann transparent gemacht werden. Ein Wechsel in der Input-Geber-Rolle ist für alle Beteiligen hilfreich. Es fördert die Lebendigkeit im Lernen. Oft lernt der Input-Geber selbst am meisten durch die Vorbereitung und durch die Fragen aus dem Team. Lehren ist eine gute Form, eigenes Wissen zu vertiefen.

Der Lern-Sprint beginnt mit dem Input des Input-Gebers. Dieser präsentiert das Thema der Lern-Story. In der Lern-Story ist das Thema durch den Input beschrieben. Dieser Teil der Story beschreibt, was vom Team zum Erstellen des Outputs benötigt wird. Das Team stellt Fragen und reflektiert das Thema. Für diesen ersten Input-Teil und die Diskussionen sind Timeboxen hilfreich. Dieser erste Teil ist theoretisch und hat selbst nur wenig Mehrwert für die Umsetzung. In der Praxis haben sich eine halbe Stunde für den Input und eine halbe Stunde für die Reflexion bewährt. Dies berücksichtigt die Aufmerksamkeitsspanne des Teams. Diese Timebox ist besonders für den Input-Geber eine große Herausforderung. Er darf nicht lange um das Thema herumreden; er muss zum Punkt kommen. Der Fokus aller Beteiligten auf das Verstehen ist in dieser ersten Phase wichtig.

Danach beginnt die gemeinsame Arbeit am Output. Dieser wird in der Lern-Story durch die Sektion Output definiert. An dieser Stelle findet der Übergang vom Wissen zum Handeln statt. Das Team lernt, das Wissen anzuwenden. Gemeinsam wird zum Beispiel eine Definition of Done erstellt. Das ist ein konkretes Produkt, das für Scrum benötigt wird. Diese Phase des Lernens hat kreative Anteile.

Danach beginnt die Reflexion des Lernens und des Ergebnisses. Was haben wir gelernt? Was haben wir möglicherweise nicht gelernt? Wie gut ist das Ergebnis? Was brauchen wir möglicherweise alles noch? Wie sind wir miteinander umgegangen? Haben wir es geschafft, unsere »Definition of Fun« umzusetzen? Was hat im Team noch gefehlt? Wie war die Energie im Team? Mit solchen Fragen regt der Coach die gemeinsame Reflexion an.

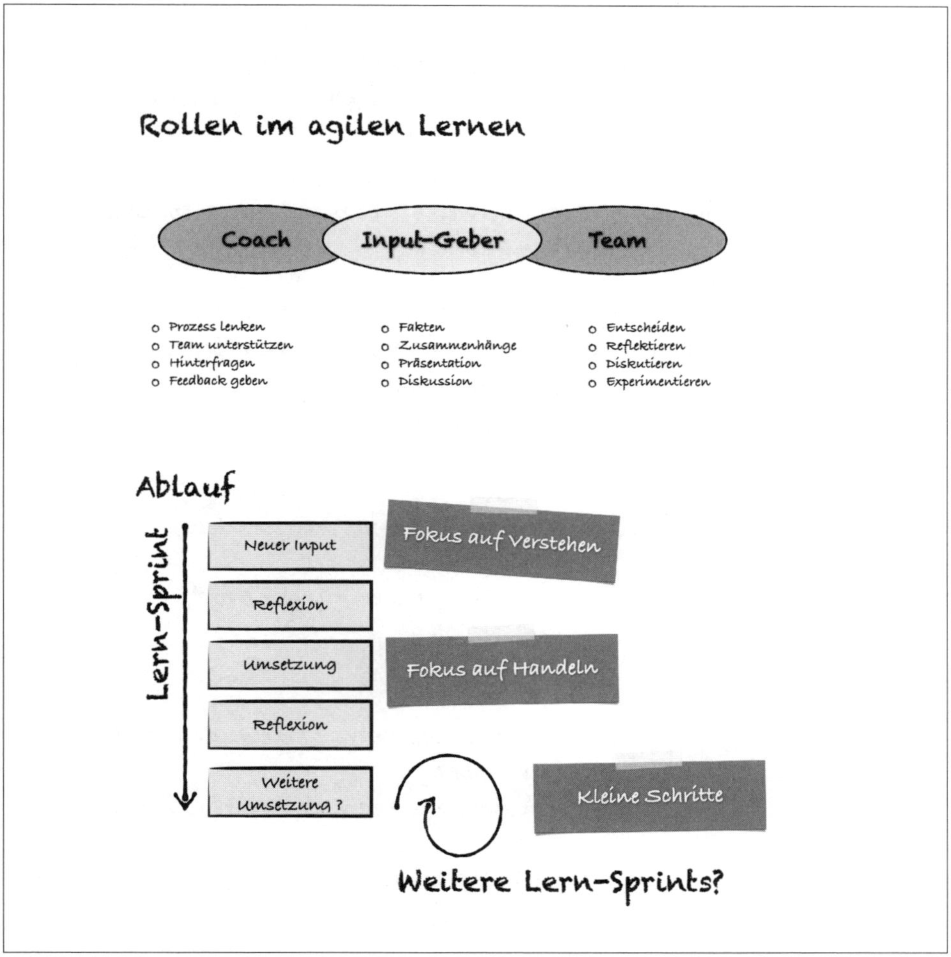

Abb. 3.1: Kompetenzen entwickeln

Als Ergebnis der Reflexion kann sich herausstellen, dass es noch ganz bestimmte Ergebnisse oder Themen gibt, die das Team auch noch braucht. Dann wird das Lern-Backlog um diese Themen erweitert. Sehr spannend ist immer die Frage nach der Priorisierung. In der Praxis hat es sich gezeigt, dass es hilfreich ist, der Energie des Teams zu folgen und direkt bei diesen Themen weiterzumachen. Das Team hat dann das Gefühl, selbst Kontrolle über den Prozess zu haben und tatsächlich an seinen Themen zu arbeiten. Dabei ist jedoch realistisch abzuwägen, ob direkt der nächste Input durch einen Input-Geber möglich ist und ob eventuell andere Lern-Storys im Lern-Backlog wichtiger sind. Hier moderiert der Coach das Team zu einer Entscheidung.

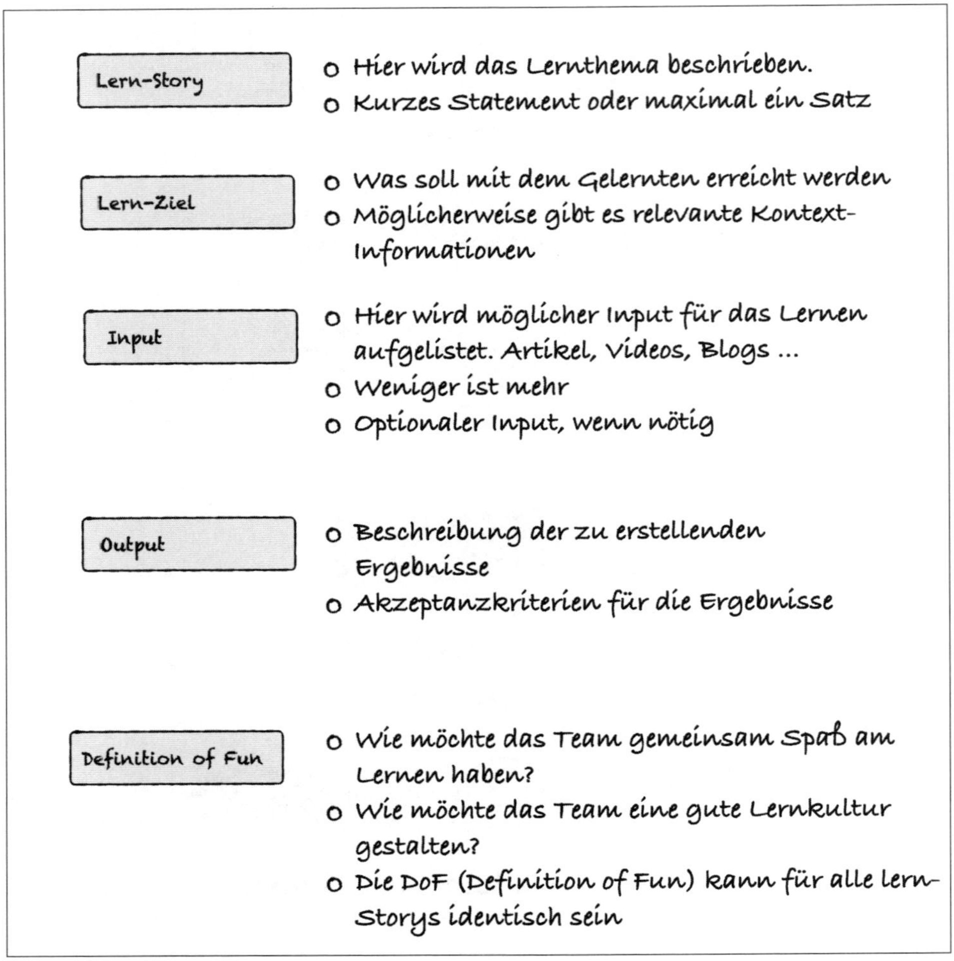

Abb. 3.2: Struktur einer Lern-Story

Alle Lern-Storys haben die oben beschriebene Struktur:

- Die Überschrift ist für das schnelle Auffinden im Backlog notwendig.
- Das Ziel gibt an, weshalb es sinnvoll ist, diese Story zu lernen und was anschließend verbessert werden soll. Das Lernen bekommt hier eine Ausrichtung.
- Der Input ist besonders wichtig für den Input-Geber. Das sind die Elemente, die ihm bei der Vorbereitung des Inputs helfen sollen. Hier wird der Umfang definiert.
- Der Output beschreibt, was das Team gemeinsam erstellen soll. Hier wird der Input angewendet. Der Output muss so gewählt werden, dass es möglich ist, ihn in einem Sprint fertigzustellen.

- Die »Definition of Fun« soll zeigen, wie das Team gemeinsam Spaß am Lernen haben kann. Eine »Definition of Fun« kann für alle Lern-Storys identisch sein. Möglicherweise ergeben sich für bestimmte Lern-Storys jedoch spezielle Möglichkeiten. Diese werden dann hier beschrieben.
- Wenn das Team alle Storys im Sprint mit Story-Punkten schätzt, bekommt die Lern-Story selbstverständlich auch Story-Points. Wie das genau geht, folgt später im Lern-Backlog.

Nach der Erklärung der Lern-Story kommt die umzusetzende Lern-Story für dieses Kapitel. Das Ziel ist es, den Rahmen für das Lernen von Scrum gemeinsam im Team zu planen. Der Rahmen für das Lernen muss geklärt werden. Dazu gehören Antworten auf die Fragen: Wie viel Zeit darf das Team für das gemeinsame Lernen verwenden? Wann beginnt der erste Sprint? Wann endet er? In vielen Unternehmen wird an dieser Stelle die Freigabe durch eine Führungskraft benötigt. Diese ist einzuholen, und auch die Abstimmung mit wichtigen Stakeholdern ist hilfreich, um die Erwartungen an das Team zu klären.

Wenn diese grundsätzlichen Fragen geklärt sind, hilft es allen Beteiligten, möglichst frühzeitig festzulegen, wer dem Team welchen Input präsentiert. Möglicherweise gibt es Vorerfahrung oder starke Präferenzen im Team. Für die Themen, für die sich kein Freiwilliger findet, sollte wohl der Scrum-Master die Vorbereitung übernehmen. Üblicherweise hat er eine Zertifizierung und dadurch einen Wissensvorsprung.

Die Definition of Fun beschreibt, wie das Team gemeinsam Spaß am Lernen haben möchte. Jedes Team hat hier andere Vorstellungen und Bedürfnisse. Das Ziel ist es, über die persönlichen Bedürfnisse zu sprechen, um eine gemeinsame Idee für gute Zusammenarbeit beim Lernen zu entwickeln. Spaß beim Lernen ist nicht nur einfach angenehm. Menschen können besser und nachhaltiger lernen, wenn sie positiv gestimmt sind. Die Emotion wird gemeinsam mit dem Inhalt zusammen im Gehirn abgespeichert. Wenn man sich wieder erinnert, tauchen neben dem Inhalt auch einige Emotionen beim Lernen mit auf.

Die Dauer des Sprints gibt in Scrum den Rhythmus für alles Weitere vor. Dieser muss vom Team definiert werden. Die Empfehlung ist ein bis vier Wochen. Längere Sprints sind nicht sinnvoll. Eine Woche stellt eine große Herausforderung für alle Prozesse dar und ist deshalb kein guter Anfangspunkt. Die Empfehlung für den Anfang wäre zwei Wochen. Auf diese Dauer ist auch die Menge der Lern-Storys ausgelegt. Grundsätzlich ist der kürzestmögliche Sprint der beste für den Scrum-Prozess. Auf diese Weise kann kontinuierlich neue Software an den Kunden übergeben werden. Neue Anforderungen und Ideen haben weniger Wartezeit bis zur Umsetzung. Für dieses Ideal müssen in der Praxis jedoch viele Tests und Deployment-Prozesse beschleunigt und automatisiert werden. Dazu später mehr in den Lern-Storys zur Nachbereitung des Sprints.

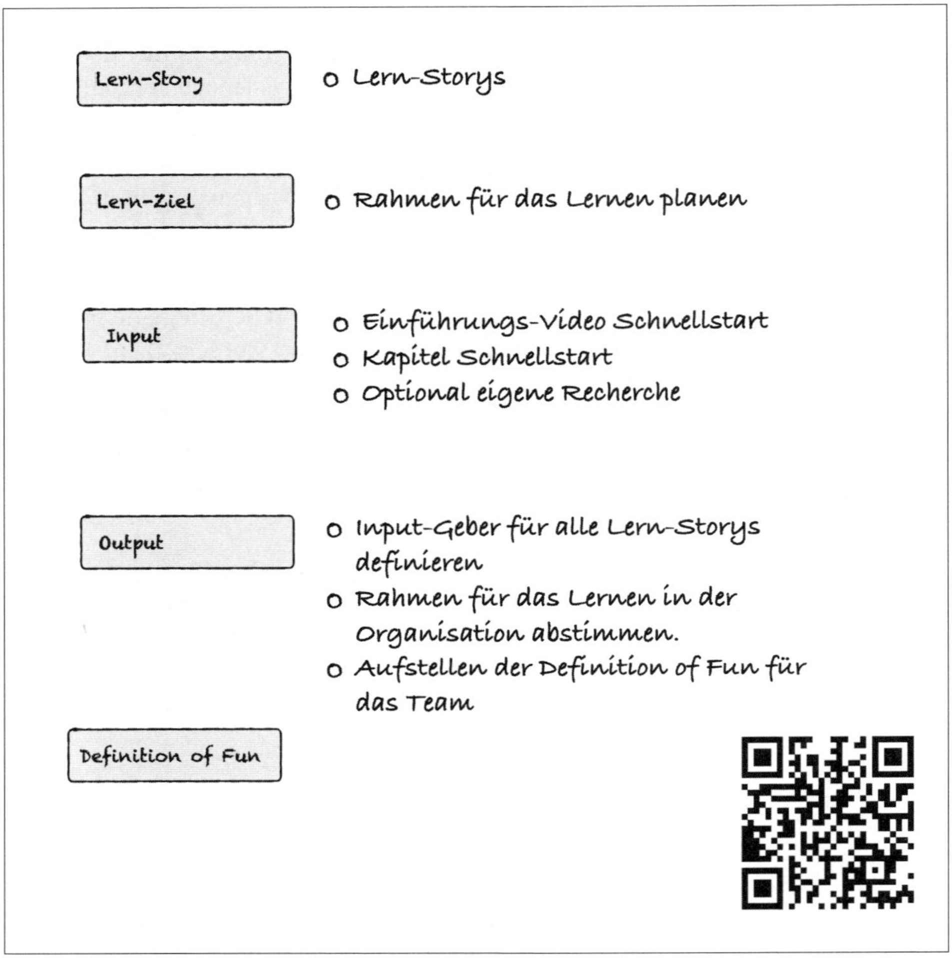

Abb. 3.3: Lern-Story zum Planen des Lernrahmens

3.1.1 Lernablauf

Die ersten drei Lern-Storys sind zur Sprintvorbereitung gedacht. Hier wird erklärt, wie agiles Lernen funktionieren soll, was Scrum ist, und es werden erste User-Storys vorbereitet. Dann kann der Sprint mit dem Planning beginnen.

Das Review-Meeting und die Retrospektive schließen den Sprint ab. Für das Team beginnt jetzt der nächste Sprint. Hier gibt es noch einige sinnvolle Nacharbeiten und Betrachtungen. Diese laufen dann noch einige Tage im nächsten Sprint. Der zu erwartende Aufwand für das Lernen ist vor und nach dem Sprint geringer zu bewerten als während des Sprints. Während des Sprints können es durchaus 50% der Teamkapazität sein. Das bedeutet, dass ein halber Tag gemeinsam gelernt wird, und der andere halbe Tag ist frei für das Arbeiten an User-Storys für das Produkt. Es ist nicht zu empfehlen, zu versuchen, mehr als 50% zu lernen. Der parallele Praxisbezug ist sehr wichtig für das Lernen. Auf den ersten Blick sieht es nach sehr viel Zeit für das Lernen aus. Durch den hohen Praxisanteil und die konkreten Ergebnisse, die während des Lernens erzeugt werden, ist der Anteil deutlich geringer. Die Praxis hat gezeigt, dass Teams, die auf diese Weise Scrum gleich zu Anfang gemeinsam richtig lernen, sehr viel schneller einen guten produktiven Scrum-Prozess aufsetzen können. Auf diese Weise lohnt sich der Aufwand dann wieder. Eine andere Perspektive ist die strategische. Das Team lernt, gemeinsam zu lernen. Es ist in der Lage, selbstgesteuert beliebige Themen gemeinsam parallel zur Umsetzung zu lernen.

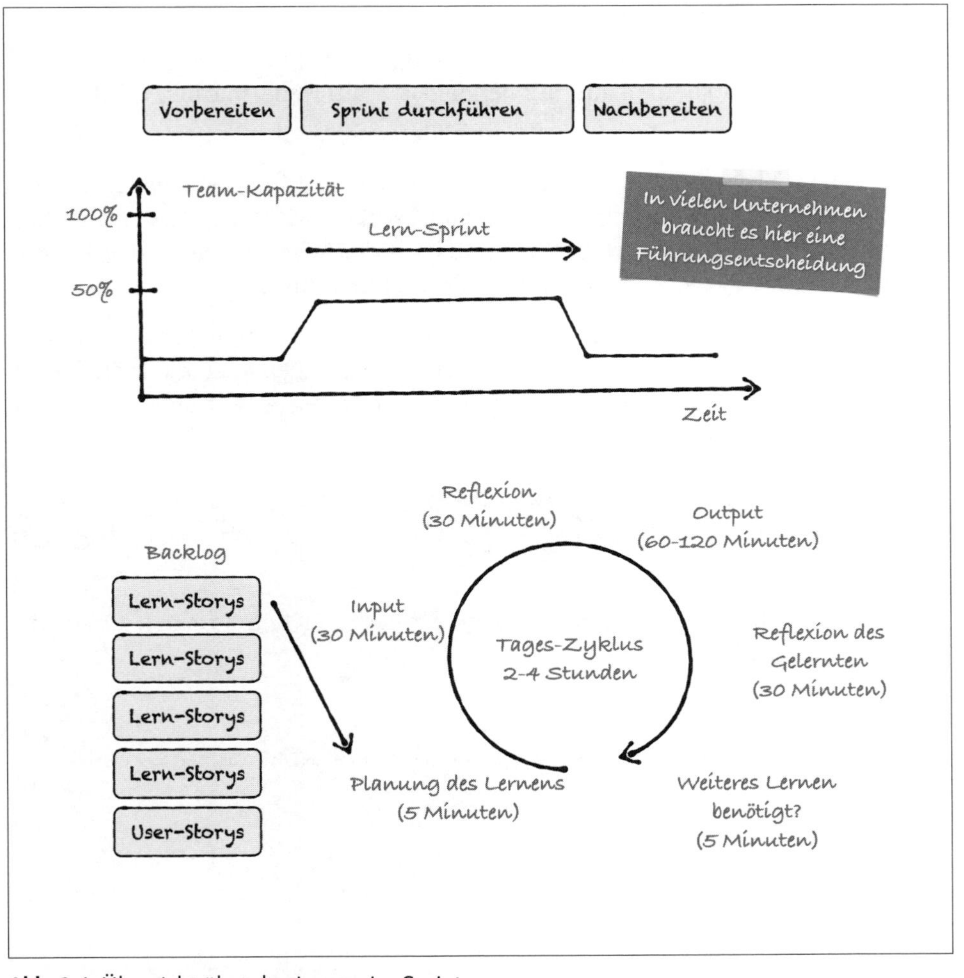

Abb. 3.4: Übersicht über das Lernen im Sprint

Die Agenda für einen Lerntag sieht folgendermaßen aus:

- Zunächst plant das Team das Lernen: Zeiten, Pausen, Tools ... Eine kurze Abstimmung mit Vorstellung der Agenda reicht.
- Dann kommt der Input durch den Input-Geber. Die Empfehlung ist hier: nicht mehr als 30 Minuten. Der Coach achtet auf die Timebox.
- Das Gelernte wird reflektiert und auf die eigene Praxis bezogen. Hier übernimmt der Coach die Moderation.
- Der in der Lern-Story definierte Output wird als Nächstes erstellt. Das kann sehr unterschiedlich lange dauern. Es sollten auf keinen Fall mehr als zwei Stunden sein. Der Coach moderiert das Team in Richtung von gemeinsam getragenen Ergebnissen.
- Das Ergebnis wird reflektiert. Dabei kommen möglicherweise noch weitere Ergebnisse oder Themen auf, mit denen das Team weitermachen möchte.
- Neue Themen für weitere Lern-Storys bilden den Abschluss des Lernblocks.

Die Grafiken sind in diesem Buch bewusst etwas überfrachtet. Alle relevanten Themen sind in einer Grafik zusammengefasst. Das wirkt auf den ersten Blick etwas überladen und erinnert an Spickzettel aus der Schulzeit. So in der Art sind sie auch gedacht. Sie zeigen alle Themen für den Lern-Sprint auf einen Blick.

Teams, die schon Vorwissen haben oder bei bestimmten Ergebnissen auf Vorlagen zurückgreifen können, sind schneller im Lernen. Sie haben auch die Möglichkeit, mehrere Lern-Storys an einem Tag zu planen oder mehr User-Storys zu bearbeiten. Die angegebenen Zeiten sind nur ein erster Indikator für den Zeitbedarf.

Begriffe im Kapitel

Coach
Ist ein Unterstützter in Veränderungen. Er begleitet den Prozess, ohne die Lösung vorzugeben.

Input-Geber
Experte für ein kleines Thema, der es aufbereitet und präsentiert.

Sprint
Ein Sprint ist ein vordefiniertes Zeitintervall, dessen Länge nicht diskutiert wird. Nach einem Sprint folgt immer der nächste Sprint. Es entsteht ein zyklisches Vorgehen.

Lern-Sprint
Ist ein Zeitintervall für Lernen. Durch die Wiederholung und Variation kann das Wissen verändert oder erweitert werden.

Lern-Story
Ist ein kleines definiertes Element für ein konkretes Lernergebnis.

3.2 Scrum-Framework und Rollen einführen

Das Scrum-Framework ist die Grundlage für Scrum. Es beinhaltet alle Rollen, Events und Prozesse, die für Scrum relevant sind. Es ist sehr minimalistisch gehalten. Dieses Framework zu verstehen, ist das Ziel dieser Lern-Story. Das Besetzen aller Rollen und das Zusammenspiel dieser Rollen bilden eine wichtige Grundlage von Scrum.

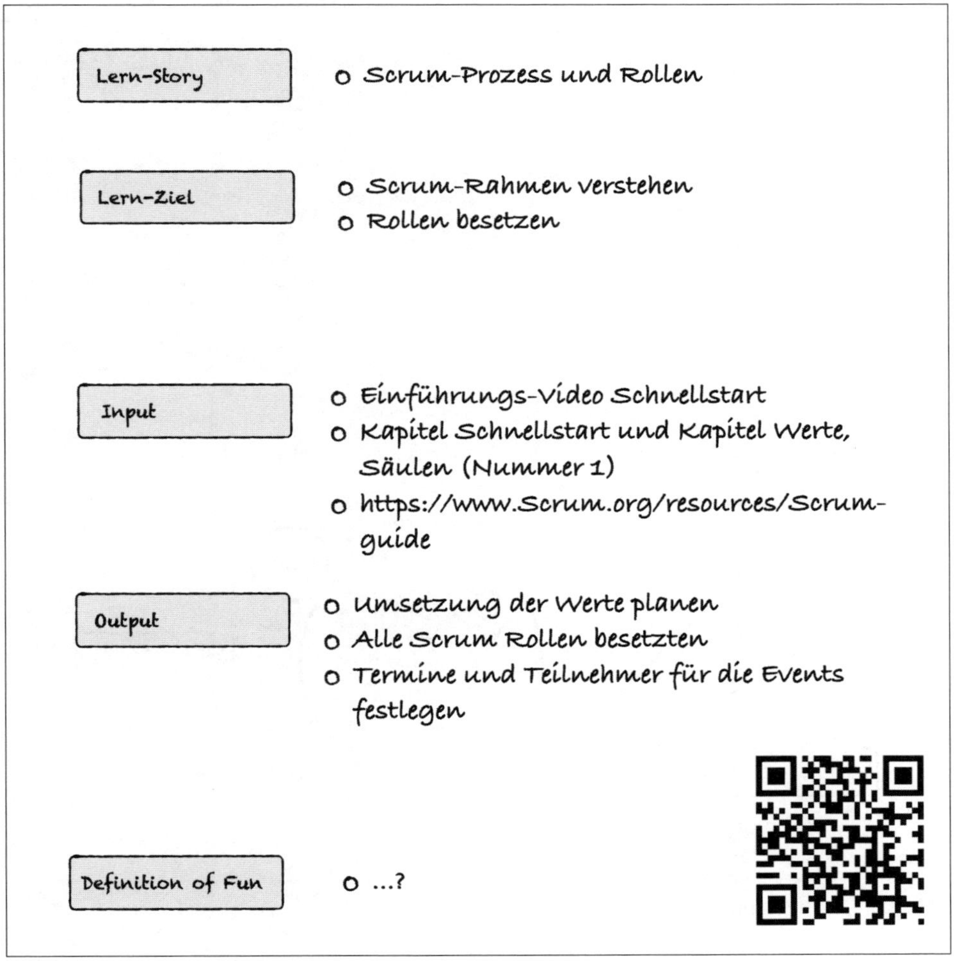

Abb. 3.5: Lernstory zur Theorie hinter dem Scrum-Framework

Als Input dienen dieser Text und das verlinkte Video. Der Scrum-Guide der Scrum.org kann gut zur Vorbereitung für den Input-Geber verwendet werden.

Der Output soll eine Klarheit zu den Rollen und der Besetzung liefern. Die Events des Sprints müssen geplant werden. Je nach Sprintdauer sind dies regelmäßige Termine, die üblicherweise als Serie in den Kalendern angelegt werden. Dazu ist es notwendig, alle Teilnehmer für das Event zu identifizieren. Die Scrum-Werte müssen vom Team gemeinsam gelebt werden. Um diese Umsetzung zu starten, ist es hilfreich, gemeinsam festzulegen, woran man erkennt, dass die Werte gelebt werden.

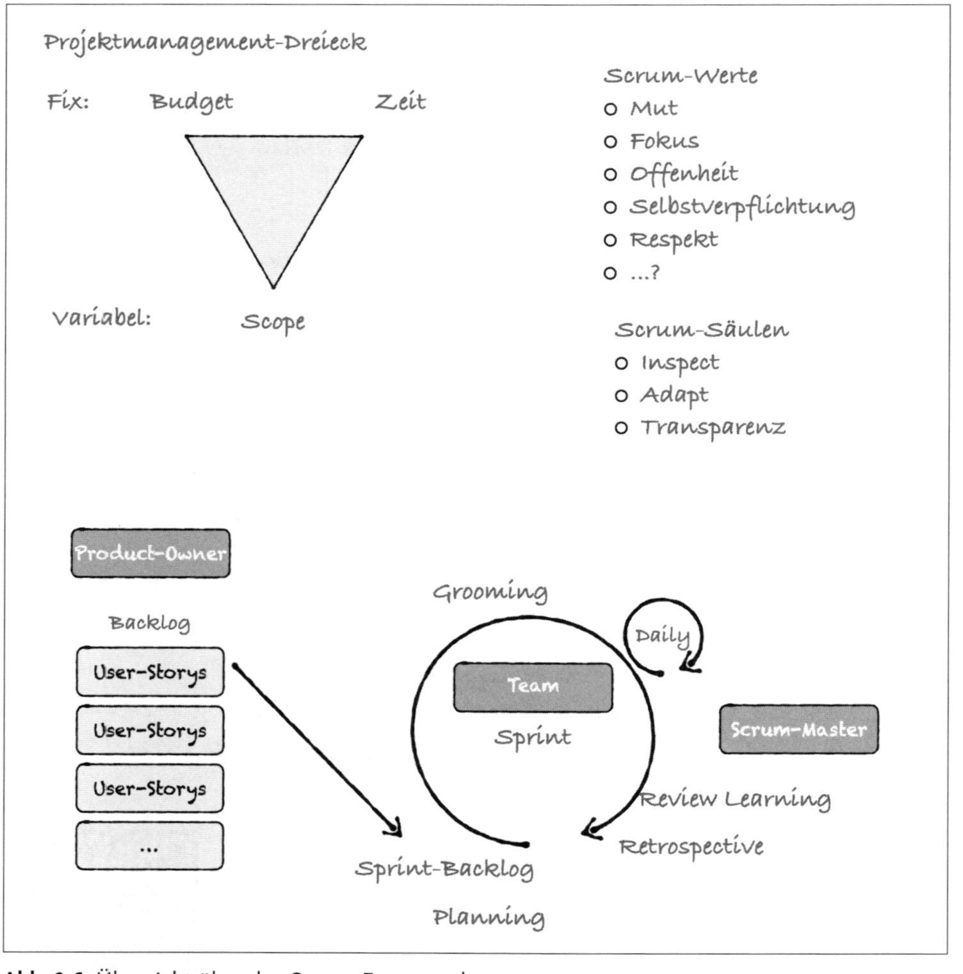

Abb. 3.6: Übersicht über das Scrum-Framework

An diesen Merkmalen kann das Team sich später messen. Ohne diese konkreten sichtbaren Merkmale bleiben die Werte oft abstrakte Worthülsen. Eventuell werden vom Team weitere Werte gewünscht. Auch für diese braucht es Merkmale. Die Werte selbst sind in Kapitel 1 noch genauer beschrieben.

In einem Scrum-Team arbeitet das Team konstant gemeinsam und wird in seiner Besetzung idealerweise nicht verändert. Die Dauer der Zusammenarbeit ergibt sich aus der Notwendigkeit, das Produkt zu erweitern. Aus Projektperspektive sind damit Produktbudget und Zeit fix. Variabel ist der Score, was erstellt werden soll. Dies wird durch den Kunden definiert. Er kann jederzeit neue Ideen formulieren. Der flexible Score ist für viele Kunden neu und herausfordernd. Besonders Einkaufsabteilungen tun sich schwer bei der Beauftragung und bei der Abrechnung. In der Praxis hat sich »Time and Material«, also Abrechnung nach Aufwand bewährt.

3.2.1 Die Rollen in Scrum

Der Product-Owner ist für das »Was« verantwortlich.

- Der Product-Owner ist verantwortlich für das Produkt. Er stellt es nach außen in der Organisation dar und bespricht mit den relevanten Stakeholdern, was alles entwickelt werden soll.
- Die Product-Vision wird von ihm erstellt und kommuniziert.
- Die neuen Anforderungen an das Produkt schreibt er in das Backlog. Dieses wird von ihm priorisiert.
- Er hat die Budgetverantwortung für das Produkt.
- Er sollte eine im Unternehmen respektierte Persönlichkeit sein. Dies hilft bei der Abstimmung im Unternehmen und beim Durchsetzen von neuen innovativen Ideen für das Produkt.
- Er nimmt die fertigen Storys ab. Dabei stellt er sicher, dass alle von ihm aufgestellten Akzeptanzkriterien erfüllt sind.

Der Product-Owner ist für Fragen des Teams jederzeit erreichbar. Er diskutiert die Anforderungen mit den Entwicklern und erklärt sie ihnen. Product-Owner ist ein Vollzeitjob. Kritiker von Scrum sehen in dieser Rolle das große Risiko von Scrum. Wenn der Product-Owner von seiner Aufgabe überfordert ist, kann das Team kein gutes Produkt liefern. Der Product-Owner sollte deshalb vom Team und vom Scrum-Master unterstützt werden.

Der Scrum-Master ist für das »Wie« im Miteinander verantwortlich.

- Der Scrum-Master ist der Coach des Teams und des Product-Owners in seiner Entwicklung.

- Er löst Impediments für das Team. Als Impediment wird alles gesehen, was die Entwicklung behindert.
- Er hat die Verantwortung für die Einhaltung des Scrum-Prozesses und seiner Implementierung.
- Er erklärt das Scrum-Vorgehen und die damit verbundenen Erwartungen an die Organisation. Er stimmt sich innerhalb der Organisation ab und unterstützt Scrum in der Organisation.
- Er ist ein »Servant Leader«. Er moderiert das Team zu guten Lösungen. Er stellt Fragen und gibt Feedback. Er hört zu.

Ein guter Scrum-Master glaubt an das Potenzial seines Teams und hilft ihm kontinuierlich, sich weiterzuentwickeln. Dies betrifft nicht nur die technischen Fähigkeiten, sondern auch die menschlichen Skills. Die Retrospektive liegt in seiner Verantwortung. Sie gibt dem Team Raum für Reflexion und Entwicklung.

Das Team ist verantwortlich für das »Wie« der technischen Umsetzung.

- Das Team ist interdisziplinär besetzt. Dadurch ist es in der Lage, gemeinsam eine Produktanforderung in lauffähige Software zu verwandeln.
- Das Team ist verantwortlich für die Architektur und für technische Exzellenz.
- Das Team berät den Kunden und den Product-Owner in technischen Möglichkeiten und Innovationen.

Im Team arbeiten Entwickler, Tester, Designer, Analysten ... zusammen. Sie unterstützen sich gegenseitig. Alle Teammitglieder arbeiten Vollzeit in dem Scrum-Team. Sie sollen wirklich ein Team sein und ihre ganze Energie und Leidenschaft für das Produkt einsetzen können. Diese Forderung ist für viele Unternehmen eine große Herausforderung. Kompromisse an diesen Stellen können dazu führen, dass das ganze Scrum-Vorgehen nicht funktioniert. Ein Scrum-Team hat mindestens drei und maximal acht Teammitglieder.

3.2.2 Das Product-Backlog

Hier werden alle vom Kunden gewünschten Anforderungen gesammelt und priorisiert. Die wichtigste Anforderung steht oben. Üblicherweise besteht das Backlog aus User-Storys. Dies ist in der IT der De-facto-Standard für die Formulierung von Anforderungen. Dies wird im nächsten Kapitel beschrieben. Grundsätzlich ist es möglich, hier andere Formate zu wählen. Die Erwartung an eine Story ist, dass sie vom Team in einem Sprint umgesetzt werden kann und dass sie Kriterien für die Abnahme enthält.

3.2.3 Das Sprint-Planning

Jeder Sprint hat einen identischen Ablauf. Das Sprint-Planning ist immer der Anfang des Sprints. Ein Planning für einen Zwei-Wochen-Sprint sollte für vier Stunden angesetzt werden. Das Meeting wird für andere Sprintlängen proportional angepasst. Der Product-Owner stellt die obersten User-Storys aus dem Backlog vor. Das Team stellt Fragen und schätzt die Storys in Story-Points. Aus den vergangenen Sprints hat das Team eine Idee, wie viele Story-Points es hat umsetzen können. Diesen Wert nennt man Velocity des Teams. Wenn dieser Wert erreicht ist und das Team den Eindruck hat, dass es in der Lage ist, die User-Storys im Sprint umsetzen zu können, wird dieser Teil der Storys in den Sprint gezogen. Man nennt ihn jetzt Sprint-Backlog. Der Product-Owner darf diesen Teil des Backlogs nicht mehr verändern oder erweitern. Das ist wichtig, damit das Team für die Sprintdauer eine stabile Planungsgrundlage hat. Das Team erstellt einen Plan, wie es das Sprint-Backlog umsetzen möchte, und bereitet alles so vor, dass es direkt nach dem Planning mit der Arbeit beginnen kann. Der Plan muss nicht in allen Details fertig sein. Das Team darf auch im Sprint noch weitere Details ergänzen. Wichtig ist der direkte Start der Umsetzung. Der Scrum-Master hat während dieses Meetings die Aufgabe, das Team zu moderieren.

3.2.4 Das Daily

Ein Daily hat eine Dauer von 20 Minuten. Es findet jeden Tag statt, wie der Name schon andeutet. Es hat das Ziel, den Entwicklern Überblick über die Tagesaktivitäten zu geben, damit sie selbst entscheiden, wie sie sich abstimmen können. Transparenz ist ein wichtiger Faktor für Selbstorganisation. Das Daily stellt diese sicher. Der Scrum-Master coacht das Team in der Durchführung des Dailys. Im Daily wird nicht diskutiert. Jedes Teammitglied beantwortet nur diese drei Fragen:

- Was von dem, was ich mir gestern vorgenommen habe, ist fertig geworden?
- Was nehme ich mir für heute vor?
- Was hat mich behindert? Die Behinderung (Impediment) wird an den Scrum-Master übergeben, damit er sie für das Team löst.

Der Product-Owner kann bei dem Meeting anwesend sein, hat aber keine aktive Rolle. Der Scrum-Master muss nicht anwesend sein, wenn er Termine hat. Das Team muss in der Lage sein, dieses Meeting selbstständig durchzuführen.

3.2.5 Das Grooming

Dieses Meeting ist nicht zwingend Bestandteil von Scrum. In der Praxis hat es sich jedoch als extrem hilfreich erwiesen, um die Qualität der User-Storys im Planning sicherzustellen. In diesem Meeting stellt der Product-Owner die User-Storys für den nächsten Sprint vor. Das Team stellt Fragen und schätzt möglicherweise Teile schon in Story-Points.

3.2.6 Das Review-Meeting

Am Ende des Sprints stehen zwei Meetings. Im Review-Meeting werden dem Kunden die Ergebnisse des Sprints gezeigt. Diese werden vom Team direkt am Produkt präsentiert. Nur das, was wirklich funktioniert, wird vorgeführt. Der Kunde gibt sein Feedback dazu. Möglicherweise gibt es Änderungswünsche oder Erweiterungen, die sich aus dem Gesehenen ergeben. Diese können, wenn nötig, sogar im nächsten Sprint schon umgesetzt werden. Die Teilnehmer des Meetings können neben dem Kunden noch weitere am Produkt interessierte Personen sein: Marketing, Vertrieb, IT-Leiter. Das Meeting wird vom Product-Owner moderiert. Nach der Präsentation stellt er die Frage, ob das Team aus Perspektive der Stakeholder auf dem richtigen Weg ist. Am Ende des Meetings dankt er dem Team für die guten Ergebnisse und den Einsatz. Die Dauer des Meetings liegt in der Praxis bei ein bis maximal zwei Stunden.

3.2.7 Die Retrospektive

Das Ziel der Retrospektive ist die Verbesserung der Teamleistung. Dazu wird der gerade abgeschlossene Sprint betrachtet. Das Ziel ist nicht, irgendwann irgendetwas besser zu machen, sondern ganz konkret direkt im nächsten Sprint. Es können technische Verbesserungen, Prozessverbesserungen oder Verbesserungen der Zusammenarbeit beschlossen werden. Das Team ist dafür verantwortlich, diese Verbesserungen umzusetzen. Der Scrum-Master moderiert die Retrospektive. Die Dauer des Meetings liegt in der Praxis bei ein bis maximal zwei Stunden. Die Scrum.org gibt für den Standard etwas andere Zeiten an, diese finden in vielen Organisationen aber keine Akzeptanz.

Begriffe im Kapitel

Projektmanagement-Dreieck
Die drei Seiten stehen im Verhältnis zueinander. Wenn eine Dimension verändert wird, müssen die anderen entsprechend angepasst werden. Manchmal wird noch das Wort »magisch« ergänzt, auch wenn es nur logisch und nicht magisch ist.

Scrum-Framework
Modell für die Zusammenarbeit im Team. Der Rahmen für die Zusammenarbeit muss in den jeweiligen Arbeitskontext eingepasst werden.

Product-Backlog
Priorisierte Liste von Anforderungen. Üblicherweise besteht das Backlog aus User-Storys. Es ist in der Verantwortung des Product-Owners. Es dürfen jederzeit Änderungen vorgenommen werden.

Sprint-Backlog
Liste der Anforderungen, die das Team plant, in einem Sprint umzusetzen. Das Team ist der Owner dieser Liste. Nur mit Zustimmung des Teams dürfen Änderungen vorgenommen werden.

Grooming
Meeting, in dem Anforderungen detailliert und geschätzt werden. Es findet während des Sprints statt.

Review-Meeting
In diesem Meeting werden die Ergebnisse des Sprints präsentiert. Relevante Stakeholder geben Feedback.

Retrospektive
Nur das Scrum-Team trifft sich, um gemeinsam Verbesserungen zu finden und zu beschließen. Diese Verbesserungen werden direkt im nächsten Sprint umgesetzt. Der Scrum-Master moderiert dieses Meeting.

Product-Owner
Verantwortet die Abstimmung von Produktanforderungen in der Organisation. Er ist für die Entwicklung des Produkts verantwortlich. Steht dem Team jederzeit für Fragen zum Produkt und Detailklärungen zur Verfügung.

Scrum-Master
Er coacht das Team zur optimalen Nutzung von Scrum. In seiner Verantwortung liegt der Prozess der Entwicklung.

Team
Das Team ist interdisziplinär besetzt. Es hat alle Kompetenzen, um Anforderungen umzusetzen. Das Team ist selbstorganisiert und stimmt sich auf Augenhöhe ab.

Daily-Standup
Meeting zur täglichen Abstimmung von Umsetzung. Es hat das Ziel, Transparenz zu erzeugen.

Sprint-Planning
Hier wird das Sprint-Backlog aus dem Product-Backlog vom Team selektiert. Es stellt den Auftakt eines neuen Sprints dar.

3.3 Anforderungen in User-Storys formulieren

Das Team benötigt für die Einführung von Scrum bereits erste User-Storys. An diesen Storys soll gleichzeitig zum Lernen gearbeitet werden. Sie müssen formuliert werden. Das ist der Inhalt dieser Lern-Story.

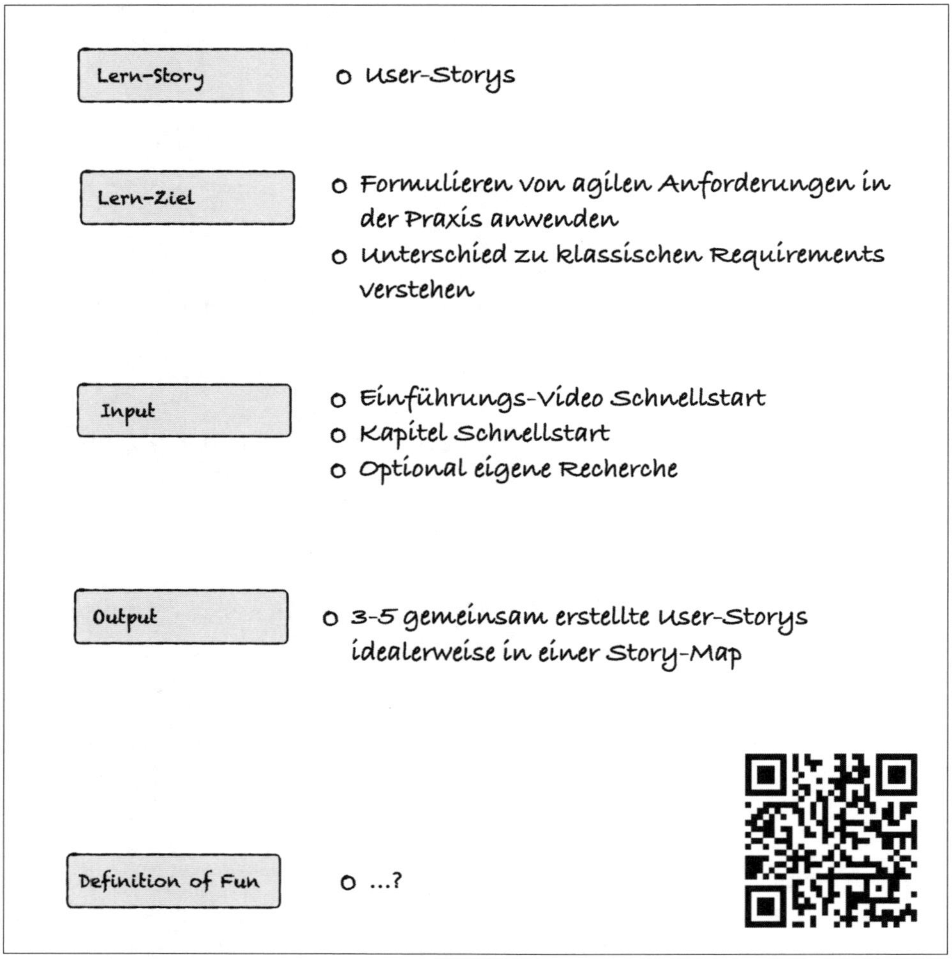

Abb. 3.7: Lern-Story zu agilem Anforderungsmanagement

Das Ziel dieser Lern-Story ist es, zu verstehen, wie Requirements für agile Prozesse erstellt werden und worin der Unterschied zum klassischen Vorgehen besteht. Das Verlernen von bisheriger Praxis ist in diesem Fall mindestens so wichtig wie das Neulernen. Durch die konkrete Arbeit an realen User-Storys wird dies nicht nur theoretisch gelernt, sondern auch gleich in der Praxis im Team eingeübt.

Eine User-Story benennt als Erstes den User, also die Rolle, die etwas ausführen möchte. Für Systeme, an deren Benutzeroberfläche ein User direkt Interaktionen ausführt, ist die Benennung des Users vergleichsweise einfach. Für Produkte, die weiter hinten in der Wertschöpfungskette liegen, ist das oft deutlich schwieriger. Gerade für dieses System sind Fragen wie: »Wer ist unser Kunde und was sind seine Interaktionen?«, sehr hilfreich für die Kundenorientierung.

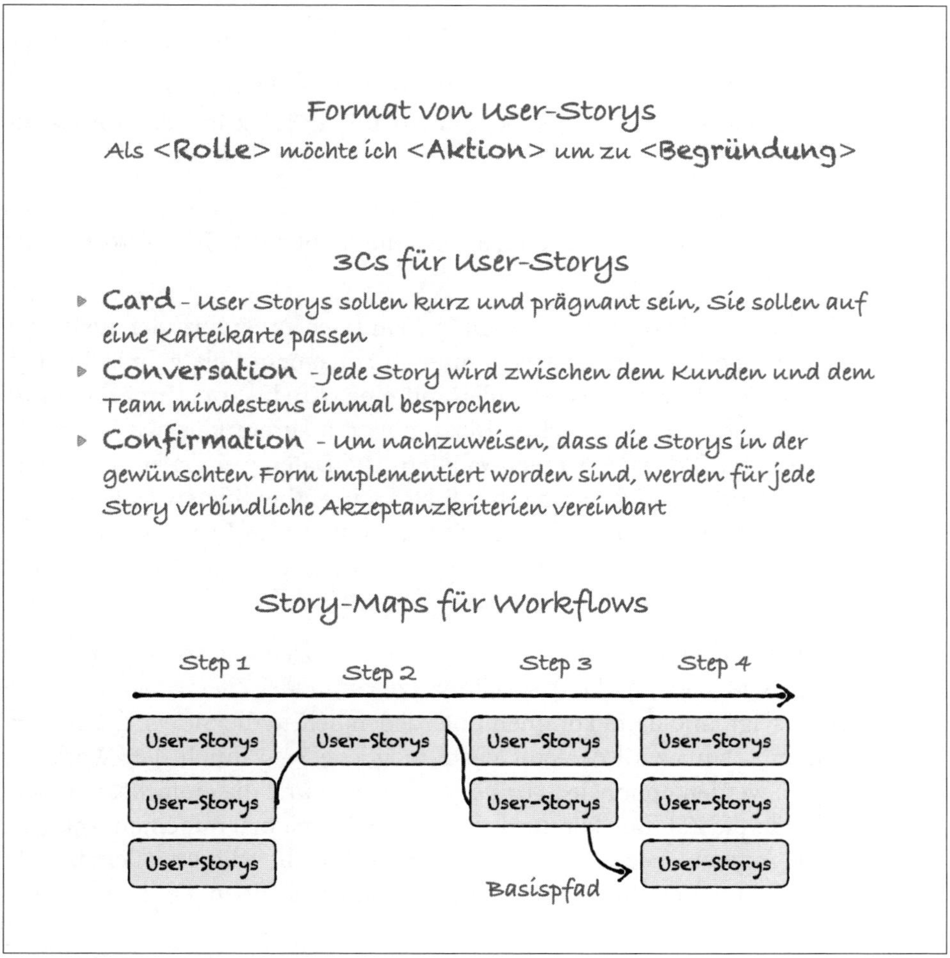

Abb. 3.8: Übersicht zum Arbeiten mit User-Storys

Die vom User ausgeführte Aktion selbst sollte sehr knapp formuliert sein. Der Grund, weshalb der User diese Aktion ausführt, gibt dem Team den Hintergrund für die User-Story an. Er trägt zum besseren Verständnis bei. Dies geht in die Richtung von Simon Sinnek »Start with Why«.

Die Genialität des Formats liegt in seiner Einfachheit. Die erste Reaktion des Teams, wenn es auf in dieser Weise formulierte Anforderungen blickt, ist in etwa so: »Ja, was soll ich denn da genau machen?« Das ist nicht ein Problem, sondern das Ziel. User-Storys regen zum Denken und zum Kommunizieren an. Sie sind so simpel, dass man gemeinsam darüber sprechen muss. Dies öffnet den Raum für kreative Lösungen. Es wird nicht alles bis ins letzte Detail vorgegeben. Dies erzeugt am Anfang Unsicherheit, weil es ungewohnt ist. Mit dieser Unsicherheit muss das Team lernen, umzugehen.

Die drei Cs sind Kriterien für eine gute User-Story.

- Sie passt auf eine Karteikarte für die Dokumentation der Anforderung.
- Sie wird mindestens einmal im Team und mit dem Kunden besprochen.
- Sie hat Akzeptanzkriterien. Diese kann man auf der Rückseite der Karteikarte platzieren.

Die Empfehlung für mindestens den ersten Sprint ist es, wirkliche Karteikarten und ein physisches Board zu verwenden. Dies unterstützt den Team-Prozess und das gemeinsame Lernen.

Ein Workflow ist eine Folge von Aktionen, die ein User hintereinander ausführen muss. Eine einzelne Aktion führt dabei immer nur zu einem Teilergebnis. Ein Beispiel für einen Workflow ist das Bezahlen mit einer Kreditkarte. Zunächst muss ich auswählen, dass ich dies möchte. Dazu gibt es mehrere Kartenanbieter. Ich gebe die Daten ein. Die Daten werden validiert. Die Daten werden zum Anbieter gesendet. Sie werden geprüft. Ein zweiter Faktor zur Authentifizierung wird abgefragt. Dieser wird geprüft. Die Zahlung wird autorisiert. Das Ergebnis wird angezeigt und ausgeführt. Möglicherweise werden die Daten im System noch gesichert abgespeichert.

Eine Story-Map ist dazu da, eine Landkarte durch den Dschungel dieses Prozesses zu erzeugen. Wie hängen die User-Storys zusammen? Zuerst werden diese Schritte aufgezeigt, und dann kommen unter jeden Schritt die Storys, die zu dem Schritt gehören. Dann wird der einfachste mögliche Weg durch den Workflow gesucht. Dabei werden optionale Schritte weggelassen und die einfachsten Optionen gewählt. Für die Zahlung könnte das sein: Es gibt erst mal nur einen Anbieter, damit fällt die Auswahl weg. Die Daten werden noch nicht validiert; auch das fällt weg. Ich sende die Daten direkt zum Anbieter und wähle einen, der keinen zweiten Faktor benötigt. Damit bin ich in der Lage, den simpelsten Workflow auszuführen. Die zusätzlichen Optionen werden anschließend User-Story für User-Story ergänzt. Dabei kommt das Wichtigste zuerst. Vermutlich in dem Beispiel das Validieren der Daten. Diese Folgeschritte können immer mit dem funktionierenden Workflow getestet werden. Ein erster Anwender kann den Workflow bereits verwenden und Feedback geben. Dies beschleunigt die Prozesse und erhöht die Qualität der Lösung. Fehler werden früh gefunden.

Für das Erstellen von User-Storys ist oft die größte Herausforderung die Größe der Story. Sie muss in einem Sprint umsetzbar sein. Dazu gibt es viele gute Tipps und Videos. Dies könnten weitere Lern-Storys für das Team sein, an denen es in den Folgesprints seine Praxis noch verfeinern kann. Es ist auch nicht immer nötig, dass das ganze Team an einer Lern-Story arbeitet. Möglicherweise sind es einige im Team oder auch Einzelne, die dann dem ganzen Team am Sprintende einen kurzen Überblick über das Gelernte geben.

Begriffe im Kapitel

User-Story
Leichtgewichtige Art, Anforderungen aus Perspektive des Anwenders darzustellen

Story-Map
Sortiert viele User-Storys, die zu einem gemeinsamen Workflow gehören, in einer Übersicht.

3.4 Planung und Schätzung durchführen

Mit dem Planning startet der erste Sprint. Das Planning für den Lern-Sprint ist etwas einfacher als ein normales Planning. Durch den Fokus auf das Lernen ist die zentrale Frage, wie viel wir in diesem Sprint liefern können, deutlich entschärft. Es werden einige User-Storys in den Sprint gezogen.

Das Ziel dieser Lern-Story ist, dass das Team die agile Planung in ihrer Gesamtheit versteht. Der Beginn ist das Planning-Meeting mit der Schätzung von Story-Points. Diese bieten darüber hinaus die Möglichkeit zum Controlling der Lieferung für den Sprint und für das ganze Produkt.

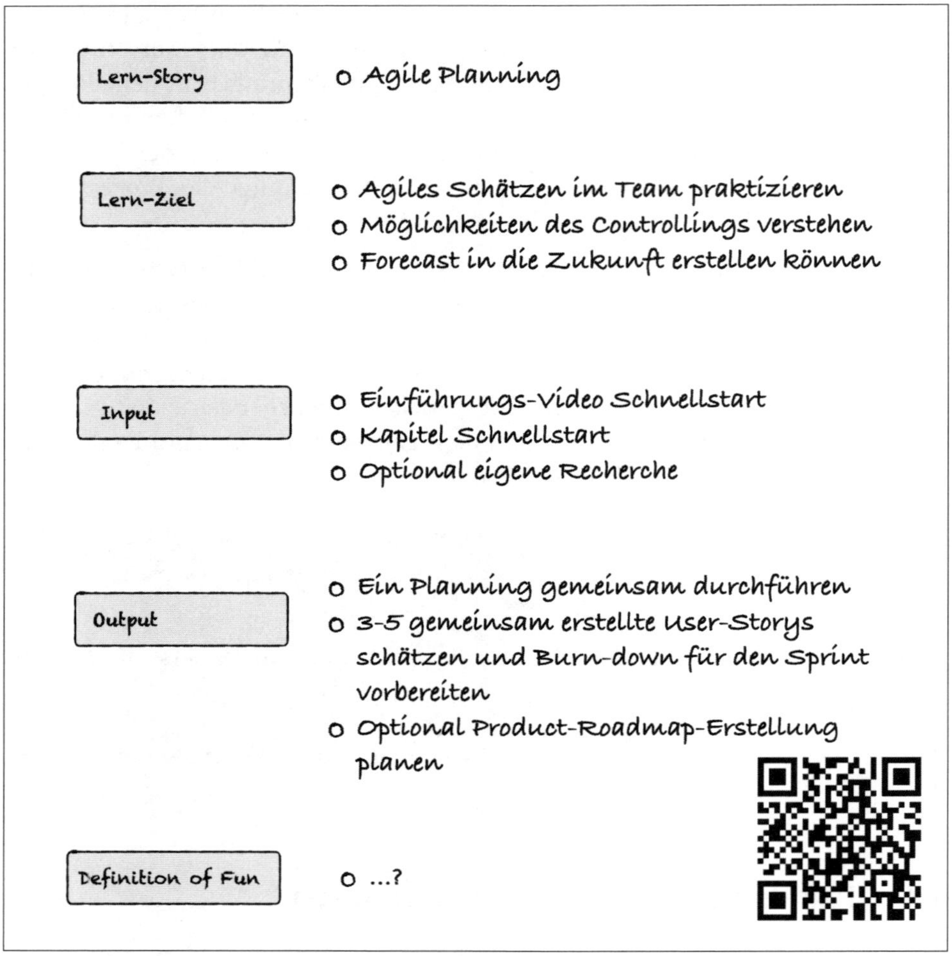

Abb. 3.9: Lern-Story zum Planning-Meeting

Der konkrete Output des Plannings ist die Schätzung von drei bis fünf User-Storys. Zu diesen Storys hat das Team das Commitment, dass es sie neben dem Lernen umsetzen kann. Diese Storys sind so aufbereitet, dass direkt am nächsten Tag mit der Umsetzung begonnen werden kann.

Planning-Poker ist das verbreitetste Schätzverfahren. Geschätzt werden dabei Story-Points. Diese sind dimensionslos. Das Team kann jederzeit die Bedeutung von drei Story-Points verändern, wenn es dies für notwendig hält. Das Ziel der Schätzung ist, dem Team eine Hilfestellung zu geben, wie viel es in einem Sprint gut schaffen kann. Das Verfahren ist für das Team gedacht, nicht umgekehrt. Alle abgeleiteten Statistiken müssen sich nach dem Team richten.

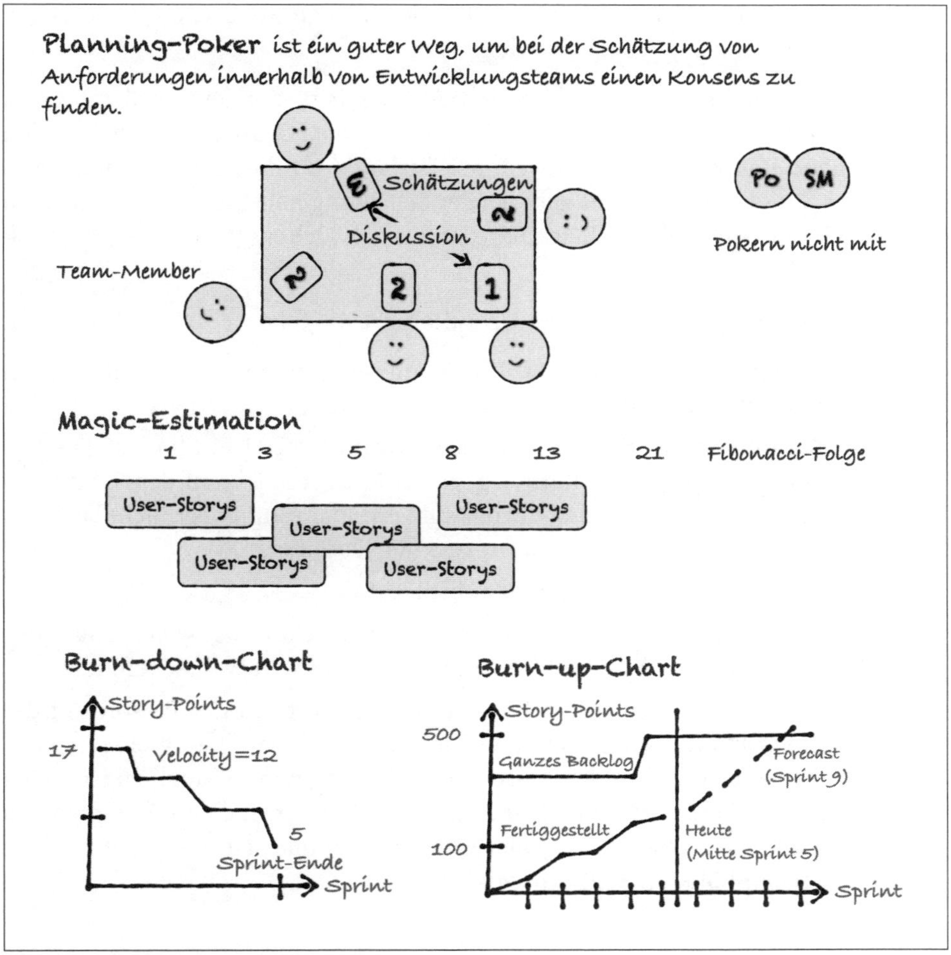

Abb. 3.10: Übersicht zum Planning

Ein guter Weg, mit der Schätzung von Story-Points zu beginnen, ist, eine Referenz-Story festzulegen. Dabei nimmt man üblicherweise eine mittelgroße Story und diese bekommt als Referenz-Story den Wert 5 per Definition. Alle anderen Storys werden dann in Relation zu dieser Referenz-Story geschätzt. Eine Story, die in der Implementierung nur halb so schwierig und aufwendig ist, wäre eine 2 oder eine 3. Zum Schätzen hat sich die Fibonacci-Reihe bewährt. Diese Zahlen reichen, um eine gute Abstufung der Werte zu bekommen.

Der Vollständigkeit halber seien noch zwei weitere Verfahren genannt, wie Teams zu Story-Points kommen. Man kann einfach die größte Story festlegen, die ein Teammitglied schaffen kann, wenn es den ganzen Sprint lang an dieser Story arbeitet. Diese wird dann mit 13 festgelegt. Alles, was größer als eine 13 geschätzt wird, muss vermutlich gesplittet werden.

Andere Teams nehmen einfach für den Anfang Personentage, weil sie es so gewohnt sind. 5 Punkte wären dann 5 Personentage. Das ist hilfreich für den Anfang, aber eine Bürde für den weiteren Verlauf. Von dieser Festlegung muss das Team später loskommen. Es geht bei der Schätzung neben dem Aufwand auch um Komplexität und Unsicherheit. Diese lassen sich nicht in Personentagen abbilden.

Der Ablauf einer Schätzung für eine User-Story ist wie folgt:

- Der PO stellt die Story kurz vor. Das Team stellt Fragen. Wenn alle Fragen beantwortet sind, beginnt das Team die Schätzung.
- Jedes Teammitglied schätzt für sich selbst, wie groß die User-Story ist. Die entsprechende Planning-Poker-Karte legt es verdeckt vor sich auf den Tisch. Der Scrum-Master und der Product-Owner sind am Planning-Poker nicht beteiligt. Der Scrum-Master moderiert den Prozess des Plannings.
- Wenn alle Karten bereitliegen, wird aufgedeckt.
- Eingespielte Teams haben oft direkt eine Übereinstimmung, weil sie alle sehr ähnlich schätzen. Für Anfänger ist dies jedoch nicht sehr wahrscheinlich.
- Die Person mit der niedrigsten Schätzung diskutiert mit der Person mit der höchsten Schätzung. »Weshalb glaube ich, dass die Umsetzung einfach ist?« »Weshalb glaube ich, dass die Umsetzung schwierig wird?« Möglicherweise ist die niedrigere Schätzung auf Grundlage einer Idee entstanden, wie man das Problem einfacher lösen kann. Oder es wurde Komplexität übersehen, die die Grundlage der höheren Schätzung ist.
- Es wird erneut geschätzt.
- Meistens reicht die zweite Runde für ein Ergebnis. Es müssen nicht immer alle exakt dieselben Zahlen ziehen. Das Team kann entscheiden, ob die Werte (3, 5, 5, 5, 8) eine 5 ist, wenn dies für die Personen, die die 3 und die 8 schätzen, okay ist. Sonst müsste die 3 noch einmal mit der 8 diskutieren.

Der Wert des Planning-Pokers besteht nicht nur darin, eine Schätzung zu haben. Der Wert ist auch, sich um die Implementierung Gedanken zu machen und darüber zu sprechen. Das Team hat hinterher ein sehr viel klareres und besseres Bild, wie es gemeinsam an die Implementierung geht.

Eine andere Methode, zu schätzen, nennt sich Magic-Estimation. Dabei legt man die Planning-Poker-Karten in guten Abständen auf den Tisch aus. Die Storys werden dann von einer Person, die den Anfang macht, zu den Werten gelegt. Bei diesem Verfahren ist die Relation der User-Storys zueinander sehr gut sichtbar. Wenn die erste Person fertig ist, darf das Team beginnen, die Karten zu verschieben. Das Team schiebt so lange, bis keiner mehr etwas ändern möchte. Auf diese Weise ist es möglich, schnell große Mengen an User-Storys zu schätzen. Der Mehrwert durch die Diskussion fällt hier leider weg.

3.4.1 Das Burn-down-Chart

Das Burn-down-Chart beschreibt den Fortschritt der Entwicklung im Sprint. Der Startwert am Anfang des Sprints ist die Summe aller Story-Points der Storys, die im Sprint sind. Jeden Tag wird ein neuer Wert geschrieben. Solange noch keine User-Story fertig ist, bleibt der Wert konstant. Sobald die erste User-Story fertig ist, wird der Wert dieser Story abgezogen. Alle Storys, die am Sprintende noch nicht fertig sind, bilden den Wert dessen, was nicht geliefert wird. Das Team darf auch im Sprint noch User-Storys nachziehen, wenn es feststellt, dass es mehr schafft, als es im Planning gedacht hat.

Dann geht das Chart wieder nach oben. Die Differenz zwischen Anfangs- und Endwert nennt man Velocity. Dieser Wert gibt an, wie viele Story-Punkte das Team im Sprint in der Summe geschafft hat. Dieser Wert ist ein guter Anhaltspunkt für das nächste Planning. Da der Wert immer wieder schwankt, nimmt man gern den Mittelwert aus den letzten drei Sprints. Wenn größere Urlaubszeiten anstehen oder neue Teammitglieder dazukommen, wird der Wert einfach entsprechend angepasst. Es geht dabei nicht um Wissenschaft, sondern um das Commitment des Teams.

3.4.2 Das Burn-up-Chart

Hier wird die Summe aller Story-Points des gesamten Produkts als obere Linie eingetragen. Die Velocity jedes Sprints wird aufsteigend in der von unten kommenden Kurve aufsummiert. Diese Kurve zeigt die Summe dessen, was das Team im Verlauf der bisherigen Sprints geleistet hat. Wenn sich beide Linien treffen, ist das Produkt fertig. Durch die Steigung der unteren und der oberen Linie lässt sich eine statistische Vorhersage treffen, wann das Produkt fertig sein könnte. Dieser Wert ist selbstverständlich kein Planwert, sondern eine statistische Vorhersage und mit allen Fehlern von Statistiken belegt. Dies muss unbedingt erklärt werden, wenn diese Grafiken Stakeholdern aus dem Management gezeigt werden.

Möglicherweise möchte das Team ein Burn-up-Chart erstellen. Dazu braucht es eine Idee, was alles geschätzt werden muss und wann diese Informationen vorliegen sollten. In der Praxis hat es sich bewährt, im Grooming-Meeting einfach mehr Storys zu schätzen als für den nächsten Sprint. Für Projekte ist diese Grafik von höherer Relevanz als für Produkte, die keinen Anfang und kein Ende kennen.

Begriffe im Kapitel

Planning-Poker
Agile Art der Schätzung von Größe und Komplexität von Anforderungen.

Story-Point
Dimensionslose Zahl, die von jedem Entwickler im Team im Planning-Poker geschätzt wird.

Fibonacci-Folge
Zahlenreihe, die ursprünglich das Wachstum von Kaninchen beschrieb. Es werden immer die beiden vorhergehenden Zahlen miteinander addiert, um die nächste Zahl zu ermitteln. 1, 2, 3, 5, 8, 13 ...

Burn-down-Chart
Statistik der Umsetzung von Story-Points im Sprint

Burn-up-Chart
Statistik der Fertigstellung des Produkts

Magic-Estimation
Methode zur Schätzung von Anforderungen in agilen Kontexten

3.5 Daily-Standup und Scrum-Board nutzen

In diesem Kapitel für den ersten Tag der Umsetzung des Sprints sind zwei kleine Lern-Storys zu finden. Der Aufwand für die beiden Storys sollte in der Summe eher kleiner sein als in den Sprints davor.

Das Daily-Standup wird am ersten Tag des Sprints praktiziert. Hier ein optimales Ergebnis für das Team zu erzeugen, ist das Ziel dieses Lerntickets. Dabei spielt der Scrum-Master als Coach eine besondere Rolle. Seine Aufgabe ist es, das Team zu coachen, dieses Meeting selbstständig durchführen zu können. Aus dieser Perspektive wäre es für diese Lern-Story schlüssig, wenn er auch den Input an das Team vermittelt.

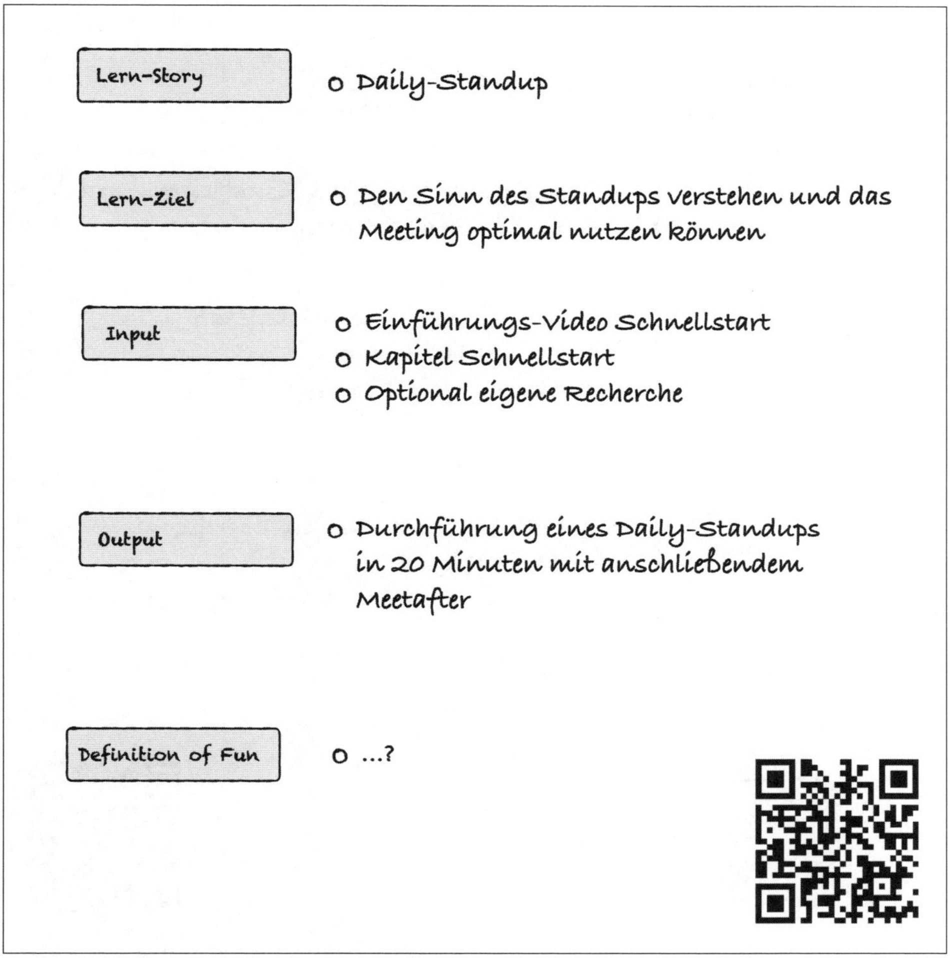

Abb. 3.11: Lern-Story zum Daily-Standup

Das zweite Thema ist die Visualisierung des Kanban-Boards. Die ist die Grundlage für das Managen der Arbeit im Sprint. Alle Kanban-Praktiken lassen sich problemlos in Scrum integrieren. Ein guter Flow unterstützt auch Scrum.

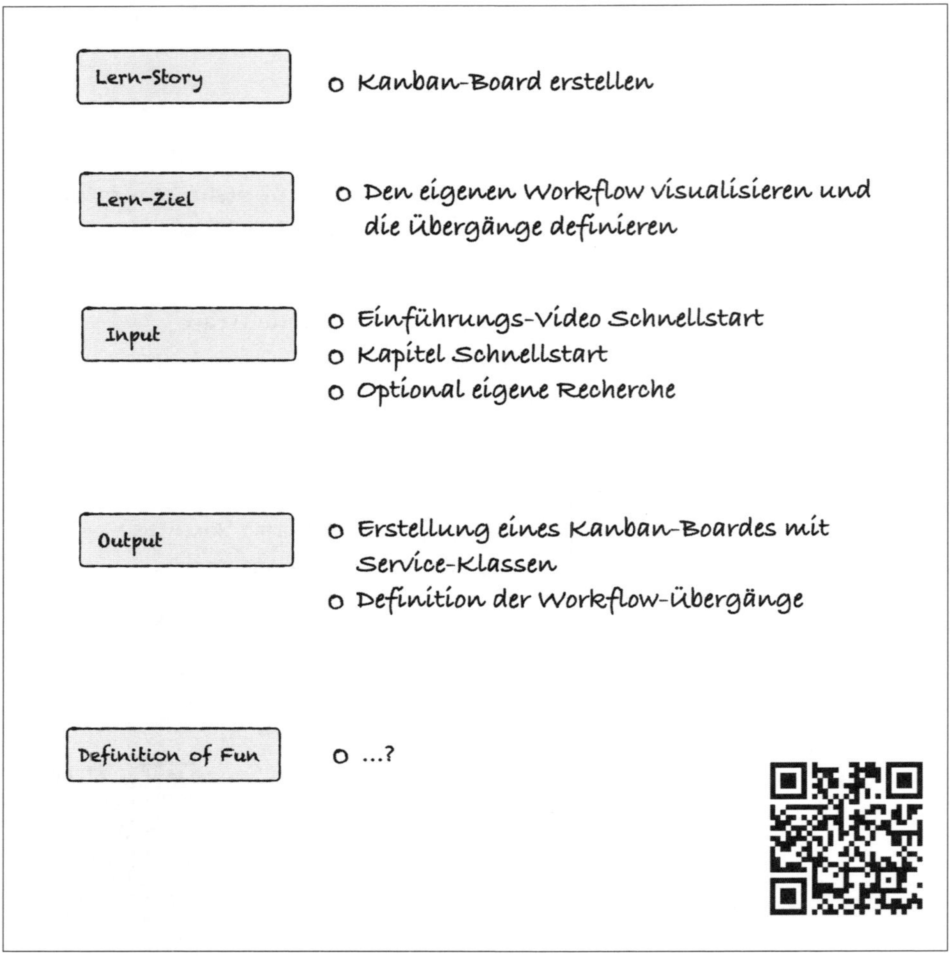

Abb. 3.12: Lern-Story zum Kanban-Board

Für das Board braucht es den Workflow und die Definition der Übergänge. Was muss erfüllt sein, wenn ein Ticket in den nächsten Workflow-Step kommt? Dieses wird vom Team definiert und für alle zugänglich dokumentiert. Auch die Nutzung von verschiedenen Serviceklassen hat sich als hilfreich erwiesen.

3.5.1 Das Daily-Standup

Die drei Fragen, die jedes Team-Mitglied beantwortet, werden in Abbildung 3.13 noch einmal aufgegriffen. Das Meeting selbst ist in der ersten Lern-Story bereits beschrieben. Alle Teammitglieder kommen zusammen. Dies sollte am Anfang des Arbeitstages geschehen. In der Praxis hat sich 9 Uhr bewährt. Das Ziel des Meetings ist es, dass die Umsetzung des Teams für alle transparent wird. Der Product-

Owner kann dabei sein, muss es aber nicht. Gleiches gilt für den Scrum-Master. In der Praxis hat es sich bewährt, dass jeder, der am Daily teilnimmt, die drei Fragen beantwortet, auch der Product-Owner und der Scrum-Master. Dabei bietet es sich an, dass der Scrum-Master sehr spät an die Reihe kommt. Seine Tagesplanung könnte sich durch Impediments des Teams verändern. Das Daily hat eine Timebox von 20 Minuten. Bei ca. zehn Teilnehmern hat jeder zwei Minuten zur Verfügung. In dieser Zeit beantwortet jeder die drei Fragen. Dabei sind Nachfragen erlaubt, Diskussionen hingegen nicht. Diese werden vom Scrum-Master coachend unterbunden.

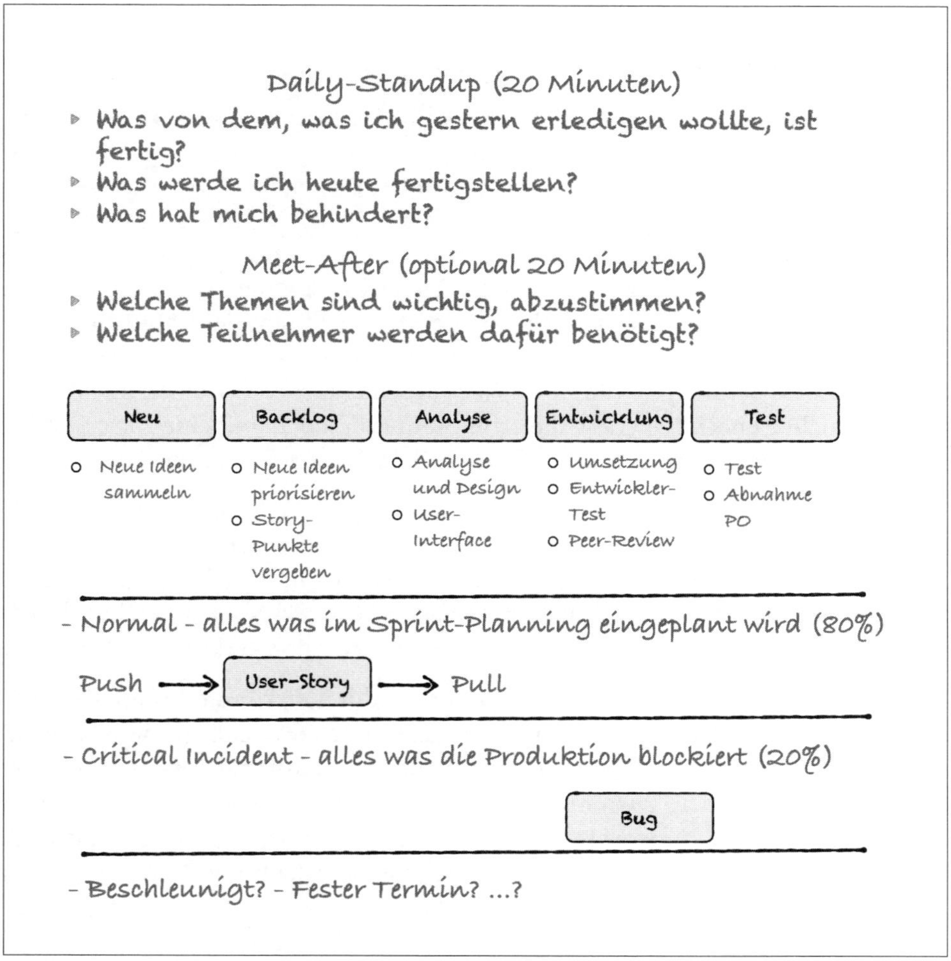

Abb. 3.13: Übersicht zum Daily und zum Kanban-Board

Das Meet-After ist keine Praxis aus dem Scrum-Guide der Scrum.org. Möglicherweise ist es trotzdem sinnvoll. Es lohnt sich auf jeden Fall, es auszuprobieren. Im Meet-After können Themen kurz besprochen und wenn nötig entschieden werden. Es erleichtert die Möglichkeit, das ganze Team für Entscheidungen zu versammeln. Das wäre im Verlauf des Tages deutlich schwieriger. Das Meet-After hat eine Agenda von Themen. Möglicherweise geben die im Daily aufkommenden Diskussionen einen Hinweis auf diese Themen. Bei bestimmten Themen werden nicht alle Teilnehmer benötigt. Das wird kurz skizziert. Das Meet-After ist immer ein optionales Meeting, ohne Thema kein Meet-After. Die Dauer des Meet-Afters sollte ähnlich wie die des Dailys bei 20 Minuten bis maximal einer halben Stunde liegen.

3.5.2 Das Kanban-Board

Der Workflow der Arbeit ist die Grundlage für das Kanban-Board. Diesen Workflow zu kennen und gemeinsam abzustimmen, ist das Ziel dieser Lern-Story. Der einfachste Workflow ist: Open/InProgress/Done. Das ist jedoch kein guter Startpunkt. Es ist eher eine gemeinsame To-do-Liste. Um den Fluss der Arbeit zu managen, ist es sinnvoll, ein paar mehr Steps zu haben. Auf diese Weise lassen sich spezifische Flaschenhälse erkennen. Die Steps aus der Grafik geben eine erste Idee, wie ein Workflow aussehen kann. Zu jedem der Steps braucht es eine kurze Beschreibung, was dabei gemacht wird. Bei Steps, die nur von einer bestimmten Rolle durchgeführt werden sollen, ist auch das zu dokumentieren. Dann braucht es noch Kriterien, die erfüllt sein müssen, damit eine User-Story in den nächsten Step gezogen werden kann, und fertig ist der Workflow.

Die horizontale Dimension des Boards ist jetzt fertig. Nun folgt die vertikale. Die Serviceklassen bilden diese ab. Serviceklassen sind verschiedene Typen von Arbeit. Möglicherweise durchlaufen nicht sämtliche Typen dieselben Workflow-Steps. Das wäre auf dem Board zu markieren. Mit einer Serviceklasse können bestimmte Erwartungen oder Service-Agreements in der Organisation verbunden sein.

Ein Beispiel: Ein »Critical Incident« in der Produktion könnte innerhalb einer Stunde gelöst sein. Dies wäre ein Hinweis, dass diese Serviceklasse sinnvoll abzugrenzen wäre, um sie im Team zu kennzeichnen und um sie entsprechend den Erwartungen behandeln zu können. Besonders für Teams, die sowohl für Weiterentwicklung als auch Support verantwortlich sind, ist diese Klarheit sehr hilfreich. Für reine Entwicklungsteams ist sie von geringerer Bedeutung. Diese können oft mit den zwei Serviceklassen »Normal« für alle User-Storys und einer Serviceklasse für »Bugs« gut leben. Weitere Beispiele für gängige Serviceklassen sind

- »Fester Termin« für Themen, die an einem ganz bestimmten Termin fertig sein müssen. Dies könnte eine Gesetzesänderung sein, die ab dem 31.12. gilt.

- »Beschleunigt« ist eine Serviceklasse für Themen, die besonders schnell durch das System laufen müssen. Eventuell wird hier die Regel benötigt, dass alle anderen Arbeiten von jedem im Team, der etwas dazu beitragen kann, ausgesetzt werden und nur noch an diesem Thema bis zur Fertigstellung gearbeitet wird.

Das Team selbst ist der Eigentümer der Serviceklassen und der dazugehörenden Regeln. Sie können vom Team jederzeit angepasst werden, wenn sich das als sinnvoll erweist.

Eine Empfehlung ist, bei den ersten beiden Sprints mit einem physischen Board und mit Klebezetteln zu arbeiten. Das Treffen vor dem Board und das Schieben der Zettel helfen dem Team, mit dem Prozess vertrauter zu werden. Möglicherweise stellt es fest, dass der Prozess noch nicht passt. Diese Frage sollte auf jeden Fall gestellt werden, bevor der Prozess in ein Tool wie z.B. Jira überführt wird.

Begriffe im Kapitel

Bug
Kann mit Fehler im Programm übersetzt werden. Hat in diesem Kontext nichts mit Käfern zu tun.

Incident
Ist eine Störung im weitesten Sinne.

Meet-After
Meeting, dessen Agenda spontan in dem Meeting davor gefüllt werden kann. Wenn es kein Thema geben sollte, findet es nicht statt.

3.6 Erwartungen und Prozessqualität (DoR & DoD)

In der vorherigen Lern-Story wurden der Workflow und die Übergänge beschrieben. Es gibt zwei Übergänge, die in Scrum eine besondere Bedeutung haben.

Das Ziel dieser Lern-Story ist es, die Definition of Ready (DoR) und die Definition of Done (DoD) zu verstehen und zu nutzen. Nur wenn alle an der Erstellung beteiligt sind und entsprechend Commitment zu den Definitionen haben, können sie eine positive Wirkung auf die Qualität des Produkts entfalten. Dazu ist es notwendig, in regelmäßigen Abständen, z.B. in bestimmten Retrospektiven, dieses Thema wieder aufzugreifen und es nachzuschärfen.

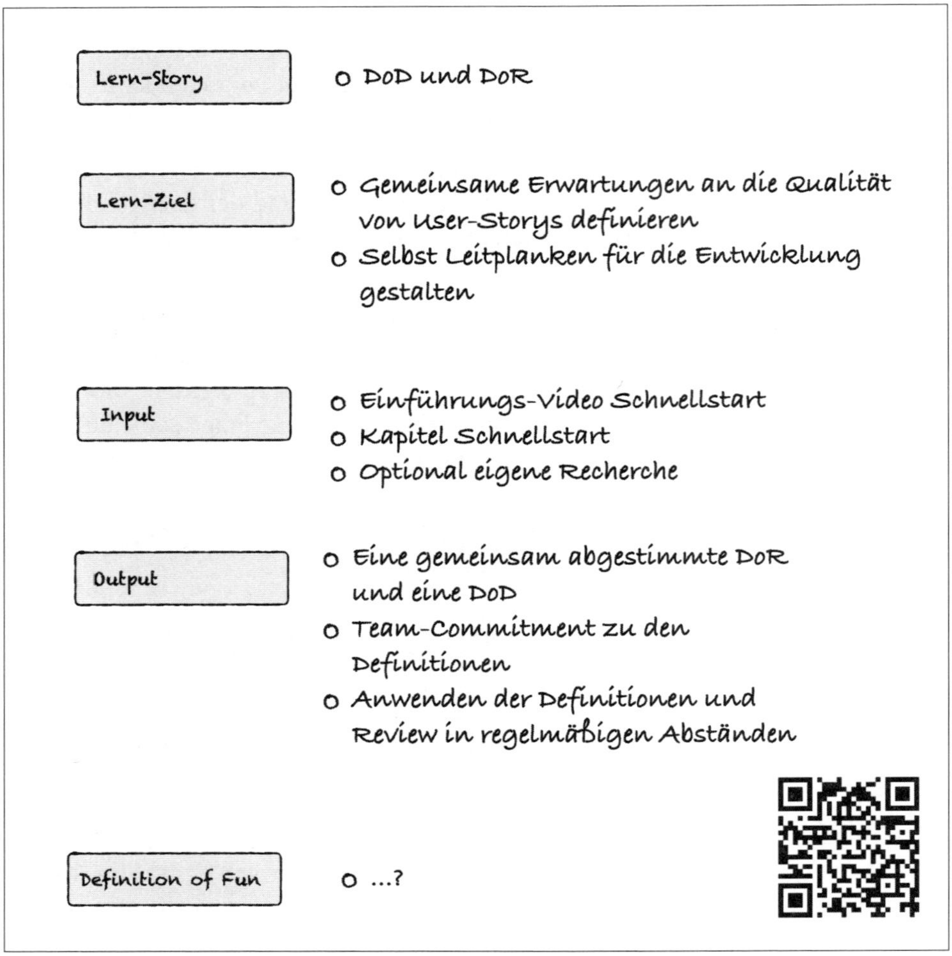

Abb. 3.14: Lern-Story zu DoD und DoR

Zunächst einmal ist die Abgrenzung zwischen den Akzeptanzkriterien und der DoD notwendig. Die Akzeptanzkriterien gelten für die Story, bei der sie angegeben sind. Eine DoD gilt für alle Storys im Backlog. Für die Umsetzung der Story müssen sowohl die Akzeptanzkriterien als auch die DoD erfüllt sein, bevor sie dem Product-Owner zur Abnahme vorgelegt wird.

Abb. 3.15: Übersicht und Beispiel zu DoD und DoR

Die Akzeptanzkriterien betreffen vom Inhalt mehr das Produkt selbst. Die DoD hingegen beinhaltet oft eher technische Aspekte. Diese können vom Product-Owner oft gar nicht nachvollzogen werden.

In einer DoD können Aspekte wie Code-Qualität und Metriken, Coding-Conventions und Naming-Conventions, Security-Standards und Tests vorkommen. Diese sind nur für den Entwickler selbst sichtbar. Für einen Betrachter des Ergebnisses ist keine Unterscheidung möglich. Für diese Themen gibt es in Unternehmen vermutlich Richtlinien innerhalb der IT. Die korrekte Implementierung dieser Richtlinien muss in die DoD mit einfließen. Wenn es mehrere Scrum-Teams gibt, die gemeinsam ein Produkt entwickeln, ist an dieser Stelle zusätzliche Abstimmung nötig. Das Ergebnis dieser Abstimmung fließt in die DoD mit ein. Die DoD wird von jedem Team eigenständig aufgestellt und angepasst. Eine DoD ist immer von der verwendeten Technologie und Umgebung abhängig. Die zentrale Frage für die Erstellung einer DoD ist: Was muss alles erledigt sein, damit eine Story fertig ist? Die erste DoD muss nicht perfekt sein. Oft ist es besser, drei Kriterien zu haben, die wirklich eingehalten werden, als dreizehn, die niemand beachtet. Die DoD muss sowieso immer wieder verbessert werden. Deshalb kann man einfach mal mit dem Wichtigsten anfangen und wenn nötig später ergänzen.

Die Definition of Ready muss nicht verwendet werden. Sie kann als optional angesehen werden. In der Definition of Ready werden die Kriterien erfasst, die eine Story erfüllen muss, bevor sie umgesetzt wird. Die DoR gibt dem Product-Owner einen Rahmen vor, was das Team alles braucht, um eine Story zur Umsetzung in den Sprint ziehen zu können. Auch hier gilt, weniger ist mehr. Es gibt Unternehmen, die mithilfe einer überladenen DoR agile Anforderungen in klassisches Requirement-Engineering verwandelt haben. Deshalb wird an dieser Stelle noch einmal wiederholt, was im agilen Manifest steht: Die beste Art, Anforderungen aufzunehmen, ist Face2Face-Kommunikation. Auch hier gilt die Empfehlung, mit so wenig wie möglich anzufangen, und wenn es sich in der Praxis als notwendig erweist, mehr Details zu ergänzen.

Für beide Definitionen ist das Commitment des ganzen Teams notwendig. Dieses explizit abzufragen, wäre Aufgabe des Scrum-Masters.

Begriffe im Kapitel

DoR – Definition of Ready
Beschreibt, welche Kriterien die Anforderungen, die vom Team umgesetzt werden sollen, erfüllen müssen.

DoD – Definition of Done
Beschreibt, welche Anforderungen erfüllt sein müssen, damit sie fertig sind.

3.7 Innovation und Kundenfokus umsetzen

Innovation und Kundenfokus sind nicht direkt Teil von Scrum. In dieser Lern-Story gibt es keine weiteren Pflichtelemente, die für die Arbeit im Sprint notwendig sind. Für Teams, die beim Lernen in Zeitprobleme geraten sind, wäre diese Lern-Story ein Thema, das sich problemlos in spätere Sprints verschieben lassen könnte.

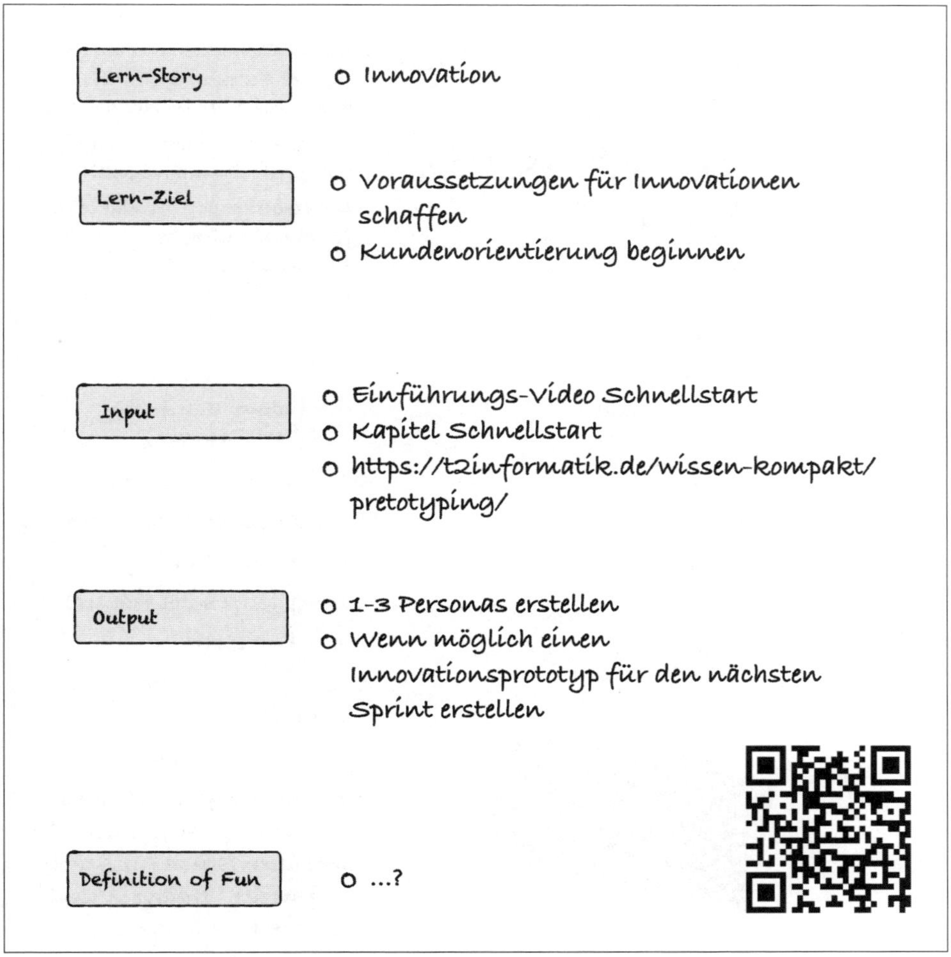

Abb. 3.16: Lern-Story zur Innovation

Das Ziel dieser Lern-Story ist es, zentrale positive Wirkungen, die durch Scrum erzeugt werden können, noch einmal bewusst zu verstärken. Diese Aspekte sind im agilen Manifest sehr deutlich benannt worden. Das Scrum-Framework selbst fokussiert sehr stark auf die operativen Prozesse. Das führt bei einigen Scrum-Implementierungen zu einer gewissen Schieflage. Es geht bei Scrum nicht darum, alles richtig zu machen, sondern es geht darum, eine Wirkung für den Kunden zu erzielen. Dieser Kunde wird durch den erzeugten Output in Form der Persona für das Team konkreter sichtbar gemacht. Neben der Persona wird ein Innovationsprototyp als User-Story erzeugt. Prototypen haben das Ziel, schnell am Kunden zu lernen. Es geht darum, festzustellen, was der Kunde genau will, bevor man es richtig baut.

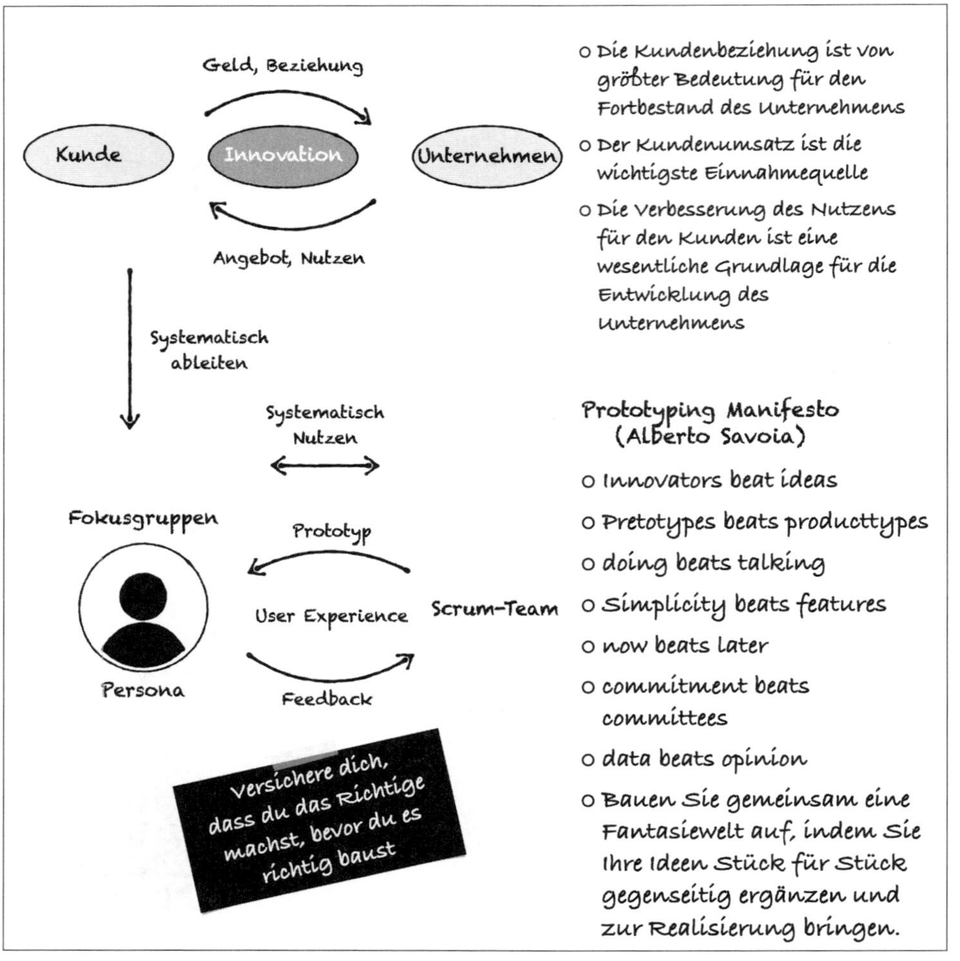

Abb. 3.17: Übersicht zur Innovation und zu Prototypen

Zuerst ein kurzer Hintergrund zum Kunden: Der Kunde hat eine Beziehung zum Unternehmen, und er gibt dem Unternehmen das Geld. Er ist die Einnahmequelle für alles, was in der Organisation passiert. Er zahlt alle Rechnungen und Gehälter. Um die Beziehung zum Kunden möglichst positiv zu beeinflussen, hat das Unternehmen die Möglichkeit, das Angebot zu verbessern. Dieses Angebot erzeugt dann für den Kunden einen höheren Nutzen. Hinter dieser Aussage steht die erste wichtige Erkenntnis: Innovation geschieht nur im Auge des Kunden. Wenn er in etwas Neuem keinen Mehrwert erkennt, ist es keine Innovation, sondern nur ein nutzloses Feature. Solche nutzlosen Features behindern ein Unternehmen eher, als dass es sie weiterbringt. Deshalb sind Prototypen so wichtig. Sie beantworten die Frage nach dem Nutzen vor der vollständigen Umsetzung. Sie bringen das Unternehmen voran und ersparen Fehlinvestitionen in Form von Zeit und Geld in die falschen Dinge.

Eine Persona ist ein fiktiver Charakter, der die wichtigsten Eigenschaften und Einstellungen einer Kundengruppe darstellt. Für die Gestaltung von Personas ist es deshalb notwendig, erst einmal die Kundengruppen für das Produkt zu kennen. In der Regel gibt es mehrere Kundengruppen und entsprechend auch Personas. Für diese Lern-Story wird der Anfang mit der wichtigsten Kundengruppe gemacht. Es gibt viele gute Templates zum Beispiel in Miro oder Mural, mit denen man den Prozess der Erstellung und das Ergebnis gut visualisieren kann. Visuelles Arbeiten ist für das Arbeiten von Innovationen insgesamt sehr hilfreich.

- Welches Problem löst das Produkt für den Kunden?
- Was frustriert den Kunden?
- Was ist der Mehrwert des Kunden?
- Was motiviert den Kunden?
- In welchem Kontext lebt der Kunde?
- Welche Ziele verfolgt der Kunde im Leben?
- Zu welchen Gruppen fühlt sich der Kunde dazugehörig?
- Was sind die Werte des Kunden?
- Welche Eigenschaften hat der Kunde?

Das Ziel dieser Fragen ist, so langsam einen Charakter hinter der abstrakten Kundengruppe entstehen zu lassen. Dieser Charakter wird dann visualisiert, indem ein passendes Bild gesucht wird. Dieser Charakter bekommt jetzt einen Namen, ein Alter, einen Job, einen Familienstand und andere Attribute, die ihn als Persona kennzeichnen.

Der Prototyp ist jetzt ein ganz natürlicher Anschluss an den kreativen Prozess, eine Persona zu erzeugen und Empathie mit dieser Persona aufzubauen.

Was könnte diese Persona noch zusätzlich von dem Produkt wollen?

Das Team schreibt alle Ideen zu dieser Frage auf und erklärt sie sich gegenseitig. Eventuell sind Kombinationen von mehreren Ideen stärker als die einzelnen. Nach einer bestimmten Timebox wird dann z.B. über eine Abstimmung mit Klebepunkten die beste Idee ermittelt.

Für diese beste Idee wird dann die folgende Frage gestellt:

Wie kann man auf möglichst einfache Weise erfahren, wie die Kundengruppe auf diese Idee reagiert? Aus der besten, einfachsten und schnellsten Option wird dann ein Prototyp erstellt. Dieser wird als eine oder mehrere User-Storys formuliert und ins Backlog gepackt.

In der Praxis sind vor der Umsetzung noch viele Gespräche und Abstimmungen mit Kundenvertretern, Sales, Marketing und anderen Stakeholdern im Unternehmen notwendig. Diese Abstimmungen sind die Aufgabe des Product-Owners. Wichtig an dieser Lern-Story ist auch die Verantwortung, die das Team gemeinsam für die Verbesserung des Produkts übernimmt. Das Team soll nicht nur Aufträge von anderen abarbeiten, es soll selbst kreativ das Produkt vorantreiben.

Begriffe im Kapitel

End2End
Bezeichnet Prozesse von Anfang bis Ende. Dieser Begriff wird so im Wesentlichen im Softwaretesting verwendet.

Akzeptanzkriterien
Kriterien für die Abnahme von Anforderungen

Innovation
Neuer Mehrwert aus Perspektive des Kunden

Persona
Hypothetische Person zur Darstellung von Nutzergruppen

Prototyp
Provisorische Darstellung von Ideen und Funktionen

Feedback
Rückmeldung zu Funktionen mit dem Ziel, diese zu verbessern

3.8 Selbstorganisation gestalten

Auch diese Story ist nicht direkt notwendig, um Scrum zu implementieren. Scrum erwartet Selbstorganisation. Wie genau das Team sie erzeugt, ist jedoch nicht beschrieben. Diese Lern-Story kann im Falle von Zeitproblemen auch in spätere Sprints verschoben werden.

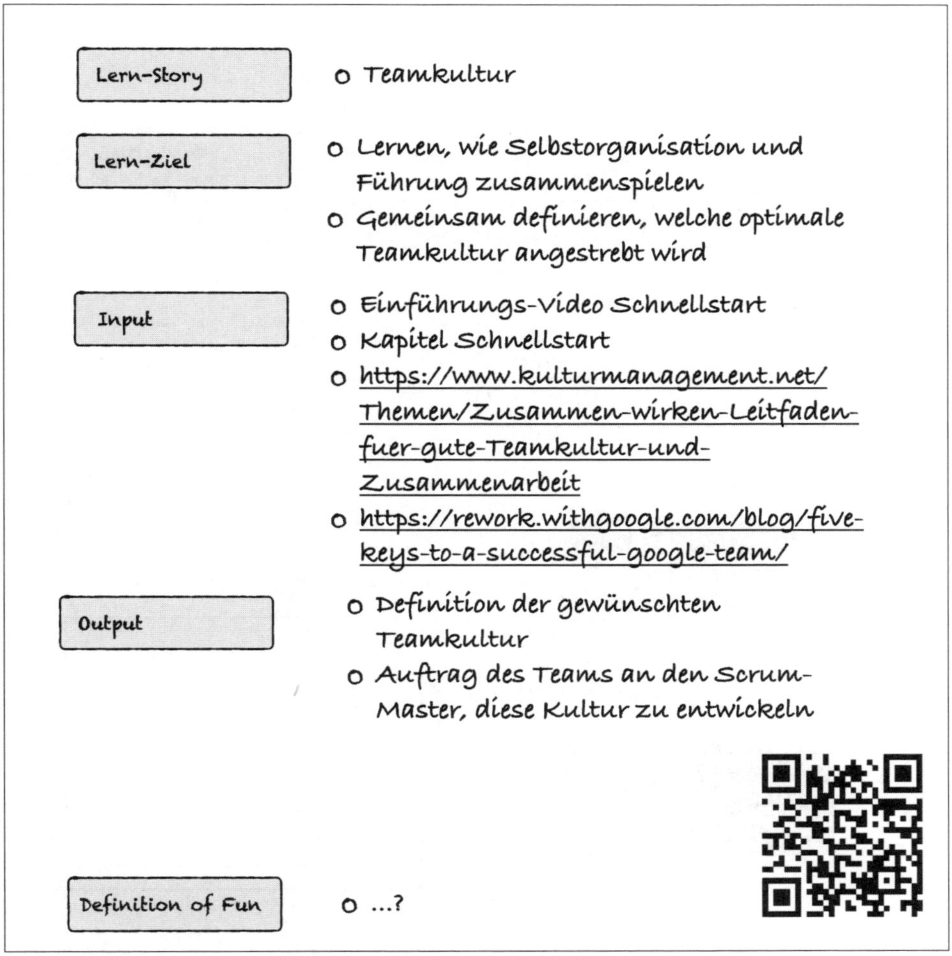

Abb. 3.18: Lern-Story zur Teamkultur

Der Satz »Culture eats strategy for breakfast« ist genauso banal wie richtig. Das gilt auch für Scrum, die schönsten Absichten helfen nicht, wenn es nicht gelingt, eine passende Teamkultur zu erzeugen. Manchmal entsteht eine passende Kultur einfach so, aber eben nicht immer, und dann muss man an dieser Kultur arbeiten. Das ist in keiner Weise trivial. Für diesen Prozess der Kulturreflexion und Entwicklung ist in Scrum der Scrum-Master verantwortlich. Er ist der Team-Coach und damit für dieses Thema prädestiniert. Es empfiehlt sich deshalb, dass er diese Lern-Story und die Moderation übernimmt, sozusagen als Startpunkt für den Prozess. Der Output ist eine Beschreibung, welche Kultur sich das Team wünscht, und der Auftrag des Teams an den Scrum-Master lautet, diese Kultur zu erzeugen.

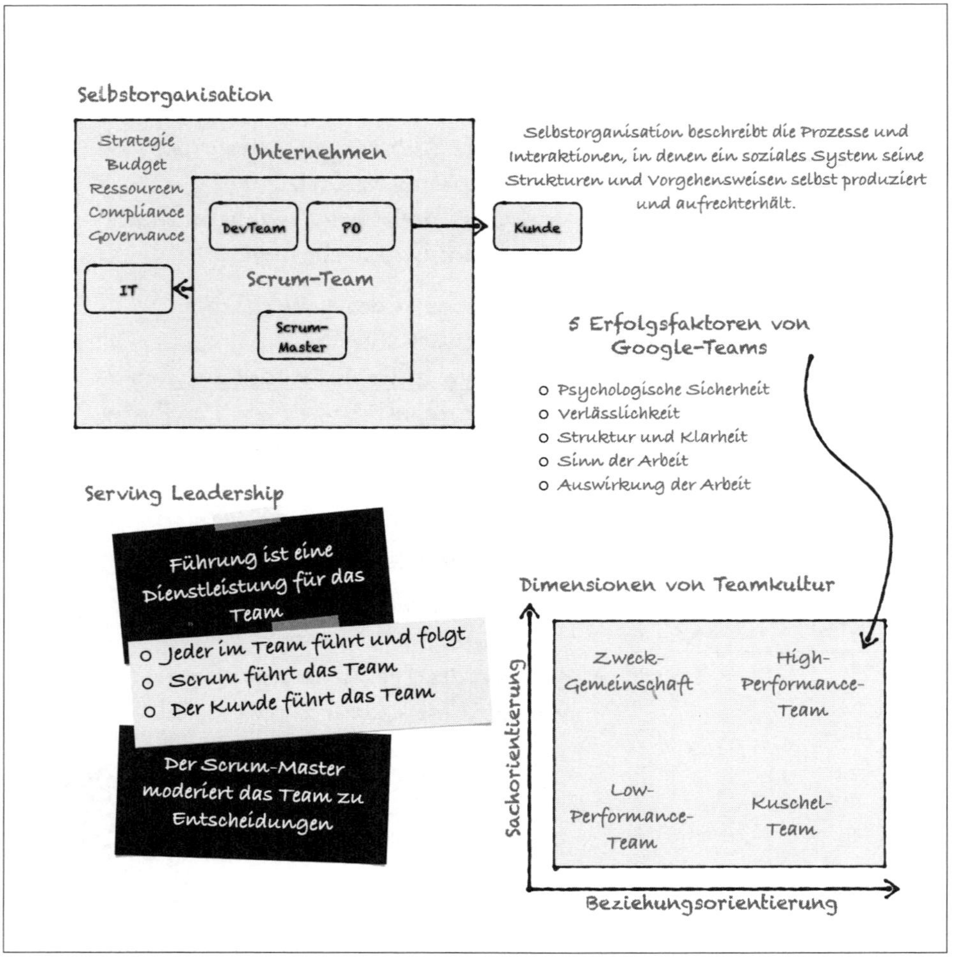

Abb. 3.19: Übersicht zu Elementen der Teamkultur

Die Selbstorganisation des Teams hat einen Rahmen im Unternehmen. Dieser Rahmen ist für das Team gesetzt. Strategie, Budget, Ressourcen, Governance, Compliance sind in diesem Rahmen gesetzt. Sie werden von der gesamten Organisation definiert. Diese Aspekte sind deshalb gesetzt und nicht in der Verantwortung des Teams. Das Scrum-Team hat zwei wichtige Schnittstellen. Die eine ist zum Kunden. Hier ist der Product-Owner mit Sicherheit sehr aktiv, aber nicht nur er. Auch das Team braucht für bestimmte Themen Kontakt zum Kunden. Es sollte geklärt werden, wie genau der aussieht. Ähnlich ist es mit der Schnittstelle in Richtung IT. Sie ist in der Regel deutlich komplexer als die zum Kunden. Hier kann der Scrum-Master eine wesentliche Rolle übernehmen; das gilt aber nicht für alle Teams. Es lohnt sich, sich klarzumachen, wie diese Schnittstelle zu Security, IT-Management, IT-Support, Administration gestaltet wird. Selbstorganisation bedeutet nicht, dass jeder immer alles selbst macht. Das Team darf sich durchaus Regeln und Rollen definieren und diese dann umsetzen. Auch das ist eine Möglichkeit, die die Selbstorganisation bietet. Ebenso ist das Thema Impediment aus Scrum in diesem Kontext noch einmal genauer zu betrachten. Was genau ist ein Impediment, der an den Scrum-Master übergeben wird? Wie hält der Scrum-Master die Bearbeitung der Impediments transparent? Wofür ist das Team oder jeder selbst verantwortlich? Was ist also kein Impediment?

Das Verständnis für Führung ist für die Kultur prägend. Für Scrum hat sich Serving Leadership bewährt. Dieses Führungsverständnis versteht Führung als Dienstleistung für das Team. Das Team entscheidet selbst, und es wird zu guten gemeinsamen Entscheidungen moderiert. Ausgenommen sind Entscheidungen des Product-Owners zum Backlog. Das liegt ganz klassisch in seiner Verantwortung. Dazu darf das Team durchaus eine Meinung haben und mitdiskutieren. Welche Prioritäten gelten, das entscheidet der Product-Owner. Auch das Team selbst muss Leadership praktizieren, damit Scrum erfolgreich wird. Jeder führt in der Selbstorganisation. Dieser Teil von Leadership nennt sich Selbstführung. Er betrifft das Commitment und die Umsetzung von Themen. Vom Team wird erwartet, dass es, wenn es sieben Storys in den Sprint zieht, sich an dieses Commitment auch hält. Dazu braucht es Selbstführung von jedem Einzelnen. Das bedeutet auch, im Team Dinge anzusprechen, die nicht funktionieren. Jeder ist für das Ergebnis des Teams verantwortlich und trägt seinen Teil zum Gelingen bei. Auf diese Weise entsteht eine High-Performance-Kultur im Team.

- Wie genau soll diese Kultur aussehen?
- Woran erkennt das Team, dass es die passende Mischung aus Sachorientierung und Beziehungsorientierung hat?
- Wie möchte das Team diese Beziehungen gestalten?

Dieses zu reflektieren und gemeinsam aufzuschreiben, hilft allen. Die fünf Faktoren, die Google in einer Studie zu High-Performance-Teams gefunden hat, können eine Idee geben, welche Aspekte für das Team hilfreich sein können. Auch die Werte des Teams und besonders die Attribute, an denen das Team erkennt, dass die Werte gelebt werden, sind Teil der Teamkultur. Das daraus entstehende Zielbild ist eine Art Vision für das Miteinander. Diese Vision zu verwirklichen, ist der Wunsch aller, und der Scrum-Master bekommt den Auftrag, das Team darin zu unterstützen, an seiner Erfüllung zu arbeiten.

Begriffe im Kapitel

Selbstorganisation
Art der Steuerung von Teams ohne Hierarchie

Serving Leadership
Führung wird als Dienstleistung für das Team verstanden. Die Führungskraft darf keine Entscheidungen treffen.

3.9 Gemeinsam lernen mit agilem Lernen

Auch diese Lern-Story ist kein Teil von Scrum. Diese Story kann in einen späteren Sprint verschoben werden. Das agile Lernen wird von einem Team, das bis hierhin gekommen ist, bereits erfolgreich praktiziert. Die theoretischen Grundlagen sind bereits im ersten Kapitel beschrieben worden. Das Ziel dieser Lern-Story ist es, dass das Team selbst die Kontrolle über das agile Lernen erhält, indem es beginnt, Themen zu identifizieren und Lern-Storys zu formulieren. Dies ist der Output dieser Lern-Story. Als Input ist der Link von EduScrum neben diesem Text und dem Video angegeben. EduScrum wird bereits sehr erfolgreich in niederländischen Schulen eingesetzt. Dort lernen Schüler im Team mit Scrum. Diese Schüler haben mehr Spaß und sie haben bessere Noten als Kinder, die konventionell lernen.

Das agile Lernen hat die gleiche Grundlage wie agiles Arbeiten. Große komplexe Themen werden in viele kleine Teile zerlegt, und diese werden dann Stück für Stück bearbeitet. Die Reihenfolge der Bearbeitung richtet sich nach der Priorität. Das so entstehende Backlog kann jederzeit ergänzt oder umpriorisiert werden. Für das Lernen im Team gibt es üblicherweise keinen Product-Owner im Team. Es sei denn, das Lernen ist direkt mit dem Produkt verknüpft. Das Team selbst muss hier die Rolle der Erstellung von Lern-Storys übernehmen. Der Product-Owner wird ganz normaler Teil des Lernteams.

In einem Sprint lassen sich dann Lern-Storys und User-Storys gemeinsam platzieren. Das Lernen benötigt immer auch eine gewisse Kapazität des Teams. Die Frage, wann ein richtiger Zeitpunkt für das Lernen ist, muss mit dem Product-Owner abgestimmt werden.

Die Lern-Storys können aus verschiedenen Bereichen kommen. Möglich sind strategische Themen aus der Perspektive des Unternehmens. Wenn eine neue Technologie eingeführt werden soll, könnte es hilfreich sein, bestimmte Lern-Storys zu dieser Technologie einzustellen. Ein Prototyp mit dieser Technologie könnte dann ein Output sein. Eine andere Quelle sind Team-Themen. In der Retrospektive werden immer wieder Themen identifiziert, die verbessert werden sollten, um die

Performance des Teams zu erhöhen. Dies könnte auch in Form von Lern-Storys formuliert werden.

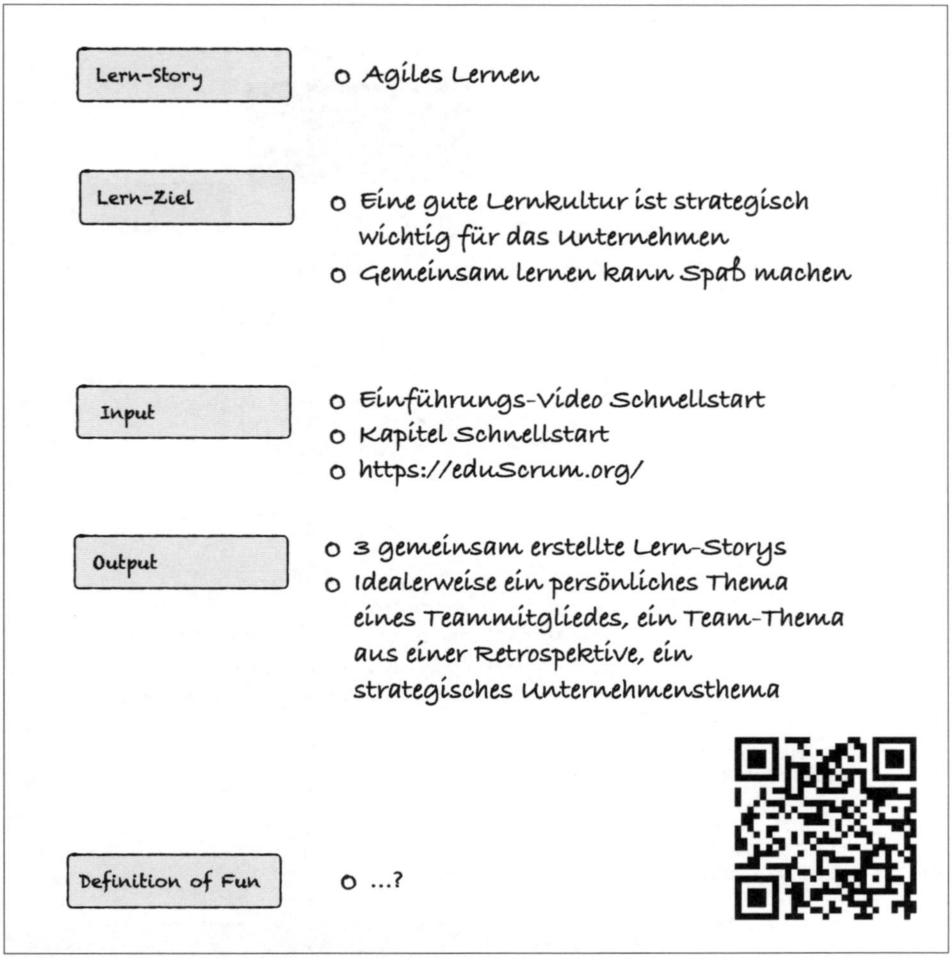

Abb. 3.20: Lern-Story zum agilen Lernen in Teams

Die dritte, auf den ersten Blick möglicherweise ungewöhnliche Ebene sind persönliche Themen einzelner Teammitglieder. Möglicherweise interessiert sich ein Teammitglied für eine bestimmte Architektur oder für Mindfulness. Diese Person könnte versuchen, das Team zu überzeugen, ein Experiment damit zu starten. An dieser Stelle ist die intrinsische Motivation der Treiber. Dies kann die Energie im Team verändern, wenn die Teammitglieder erleben, dass sie sich wirklich einbringen können. Selbstorganisation ist immer auch, das Wissen und die Energie aller im Team nutzbar zu machen.

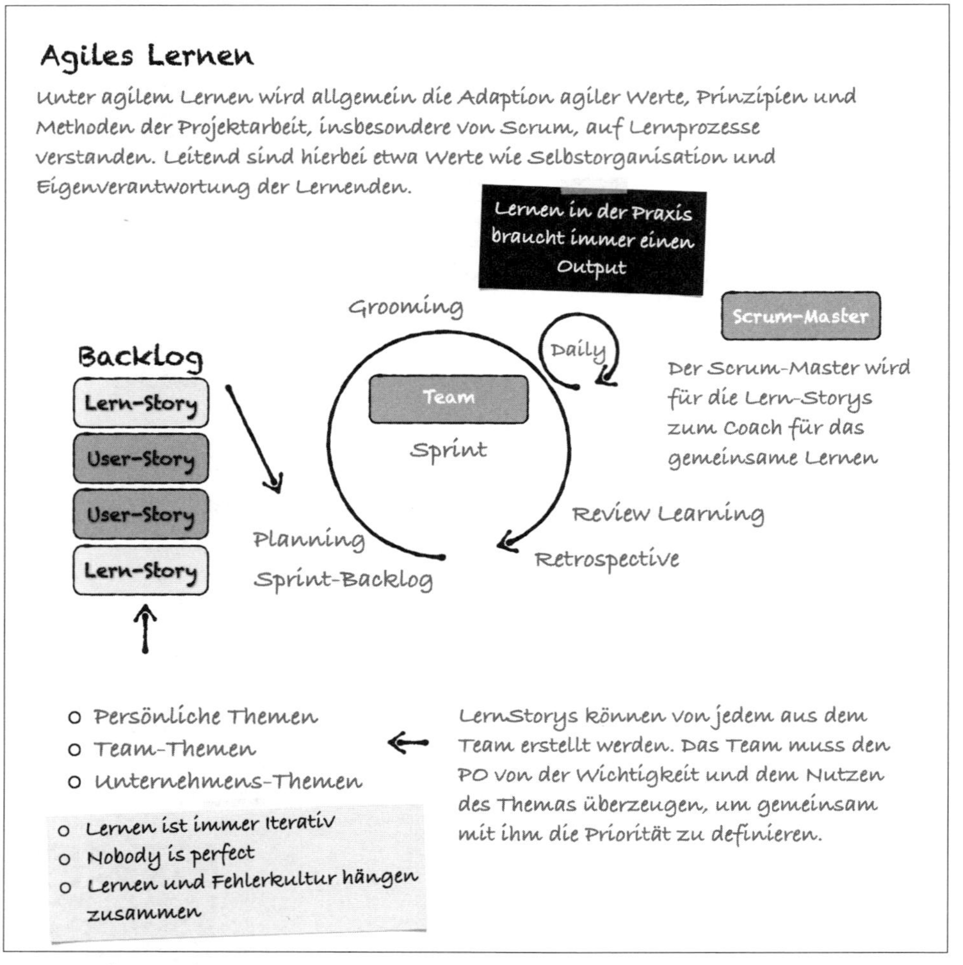

Abb. 3.21: Übersicht zum Vorgehen im agilen Lernen

Begriffe im Kapitel

Sprint
Ein Sprint ist ein vordefiniertes Zeitintervall, dessen Länge nicht diskutiert wird. Nach einem Sprint folgt immer der nächste Sprint. Es entsteht ein zyklisches Vorgehen.

Lern-Sprint
Ist ein Zeitintervall für Lernen. Durch die Wiederholung und Variation kann das Wissen verändert oder erweitert werden.

Lern-Story
Ist ein kleines definiertes Element für ein konkretes Lernergebnis.

3.10 Den Flow optimieren

Diese Lern-Story ist wichtig für die Weiterentwicklung des Scrum-Systems mit Kanban-Methoden. Sie ist kein direkter Bestandteil von Scrum und kann in spätere Sprints verschoben werden.

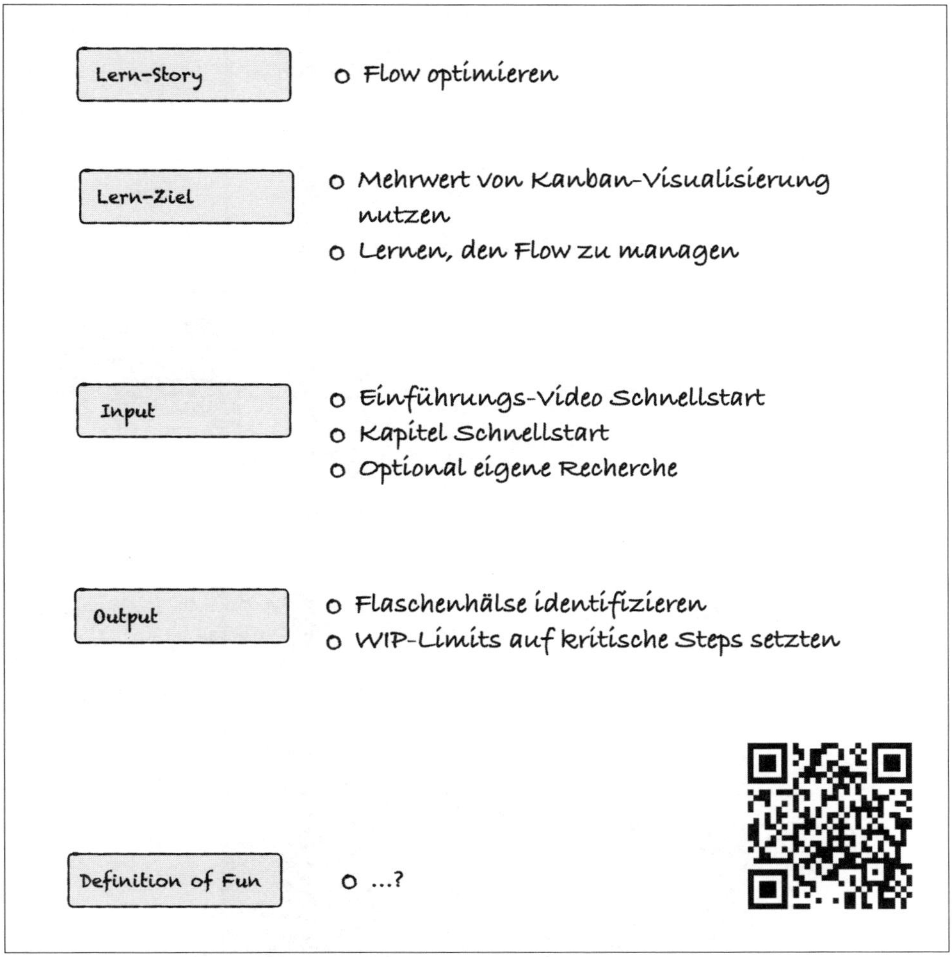

Abb. 3.22: Lern-Story zur Optimierung des Flows

Das Ziel dieser Lern-Story ist es, den Flow während des Sprints zu steuern und zu optimieren. In Scrum wird diese Perspektive nur am Sprintende in der Retrospektive eingenommen. Das kann ein guter Einstieg sein, nur fehlen zu diesem Zeitpunkt oft Daten, auf die man sich dann stützen kann. Eine Betrachtung der Velocity des Teams allein reicht oft nicht aus, um die richtigen Maßnahmen zu identifizieren. Der Output dieser Story sind Flaschenhälse im Prozess. Als Flaschenhals wird in Kanban ein Prozessschritt bezeichnet, der den Durchfluss begrenzt. Das kann man durchaus bildlich verstehen. Die dünnste Stelle einer Wasserleitung begrenzt den Durchfluss der gesamten Leitung. Wenn diese Engstelle erweitert wird, kann der Durchfluss durch die gesamte Leitung erhöht werden. Das erste Mittel, um Flaschenhälse zu vermeiden, sind Work-In-Progress-Limits (WIP). Diese können den Durchfluss optimieren. Möglicherweise gibt es weitere Maßnahmen, um den Flow verbessern zu können.

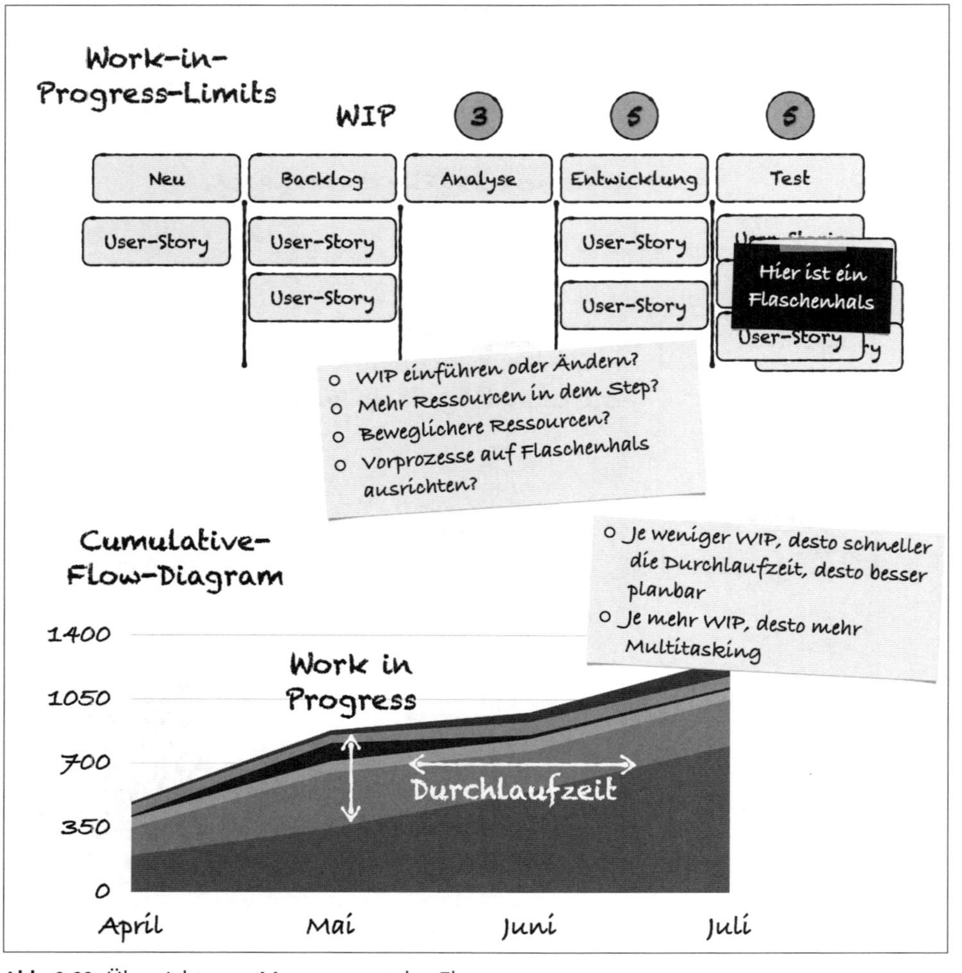

Abb. 3.23: Übersicht zum Management des Flows

Bisher hat das Team keine WIP-Limits verwendet. Die Stelle im Prozess, an der sich immer wieder Storys aufstauen, ist der Flaschenhals. Es kann durchaus mehrere Stellen im Prozess geben, an denen dies passiert. Diese Stellen bekommen ein WIP-Limit gesetzt. Als erste Näherung kann man pro Person, die an diesem

Workflow-Step arbeitet, einen Punkt vergeben. Wenn in dem Beispiel der Grafik drei Personen im Test arbeiten, würde man das Limit auf 3 setzen. Das ist nur ein Erfahrungswert, den man als Startpunkt nehmen kann. Jedes Team muss eigene Erfahrungen machen und kann dies jederzeit selbst ändern. Ein WIP-Limit von 3 bedeutet, dass sich nur drei Storys in dieser Spalte befinden dürfen. Eine vierte Story darf nicht gezogen werden. Neben dem WIP-Limit sind weitere Maßnahmen zur Beseitigung des Flaschenhalses denkbar. Möglicherweise können im Team noch mehr Personen Tests übernehmen. Diese könnten im Falle eines Staus einspringen und ihre Arbeit entsprechend des Flows anpassen. Personen, die in vielen verschiedenen Arbeitsschritten einsetzbar sind, helfen dem Durchfluss durch das Gesamtsystem sehr. Sie sind sogenannte Generalisten. Diese Kompetenz wird manchmal auch T-Shap genannt. Langfristig ist es hilfreich, alle Mitarbeiter in diese Richtung zu entwickeln. Auf diese Weise kann Agilität viel besser gelingen, als wenn jeder nur eine einzige Sache beherrscht.

3.10.1 Das Cumulative-Flow-Diagramm

Dieses Diagramm (Abbildung 3.23) zeigt den Flow von Arbeit durch das Team über längere Zeit hinweg. Im ersten Sprint kann man aus diesem Diagramm vermutlich noch nicht viel ableiten. Langfristig hilft es jedoch, dieses Diagramm im Auge zu behalten und immer wieder für Verbesserungen heranzuziehen. Auf der horizontalen Achse zeigt es bestimmte Tage. Auf der vertikalen Achse befinden sich alle User-Storys des Teams. Jeder Workflow-Step hat dabei seine eigene Farbe. Alle User-Storys, die fertig sind, bilden den »Sockel«, der kontinuierlich ansteigt. Alle User-Storys ganz oben sind das Backlog, sie sind noch nicht begonnen. Alles dazwischen wird vom Team bearbeitet. Das ist das Work-in-Progress. Wenn nun eine User-Story vom Team bearbeitet wird, wandert sie von links nach rechts durch alle Workflow-Steps. Dies bezeichnet man als Durchlaufzeit. Je weniger User-Storys gleichzeitig in Bearbeitung sind, desto kürzer ist die Durchlaufzeit. Das ist das Ziel der Optimierung. Das Cumulative-Flow-Diagramm zeigt dem Team, wie es sich entwickelt. Die gängigen agilen Projektmanagement-Tools wie Jira können dieses Diagramm standardmäßig erzeugen. Das Team braucht es nur aufzurufen und kann es direkt für die Optimierung und die Diskussion um WIP-Limits nutzen.

Begriffe im Kapitel

Cumulative-Flow-Diagramm
Diagramm des Durchlasses von Arbeit durch ein Team

Work in Progress
Summe der angefangenen und noch nicht abgeschlossenen Arbeit

Durchlaufzeit
Durchschnitt der Bearbeitungszeit von Anforderungen

3.11 Review-Meeting durchführen

Das Review-Meeting ist fester Bestandteil von Scrum. Hier geht es darum, die Ergebnisse des Sprints zu präsentieren und von den wichtigsten Stakeholdern direktes Feedback zu bekommen.

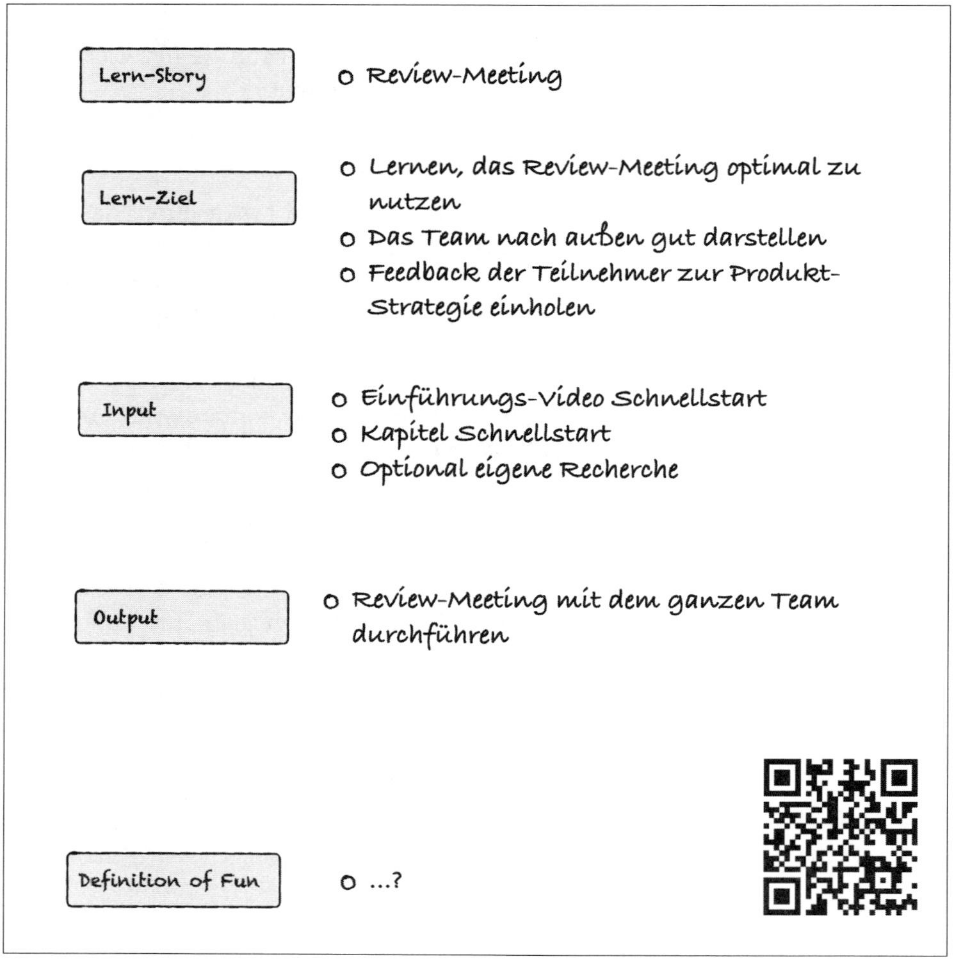

Abb. 3.24: Lern-Story zum Review-Meeting

Der Output ist in diesem Fall als erstes Review-Meeting durchzuführen, um für das Team optimalen Nutzen zu bringen.

In dem Meeting geht es um die sichtbaren Ergebnisse. Diese werden anhand von funktionierender Software präsentiert. Zusätzliche Präsentationen oder andere extra erstellte Dokumente sollten eher die Ausnahme bleiben. Das Team soll sich voll und ganz auf das Produkt fokussieren und die Stakeholder entsprechend auch. Es werden alle User-Storys gezeigt, die das Team fertiggestellt hat. »Fertig« bedeutet in diesem Fall, dass sie sowohl die Definition of Done erfüllen als auch vom Product-Owner abgenommen worden sind. Früher war das Review-Meeting in Scrum das Abnahme-Meeting. Ein solches Vorgehen wird nicht mehr empfohlen. Der Product-Owner soll direkt im Sprint die Ergebnisse des Teams abnehmen.

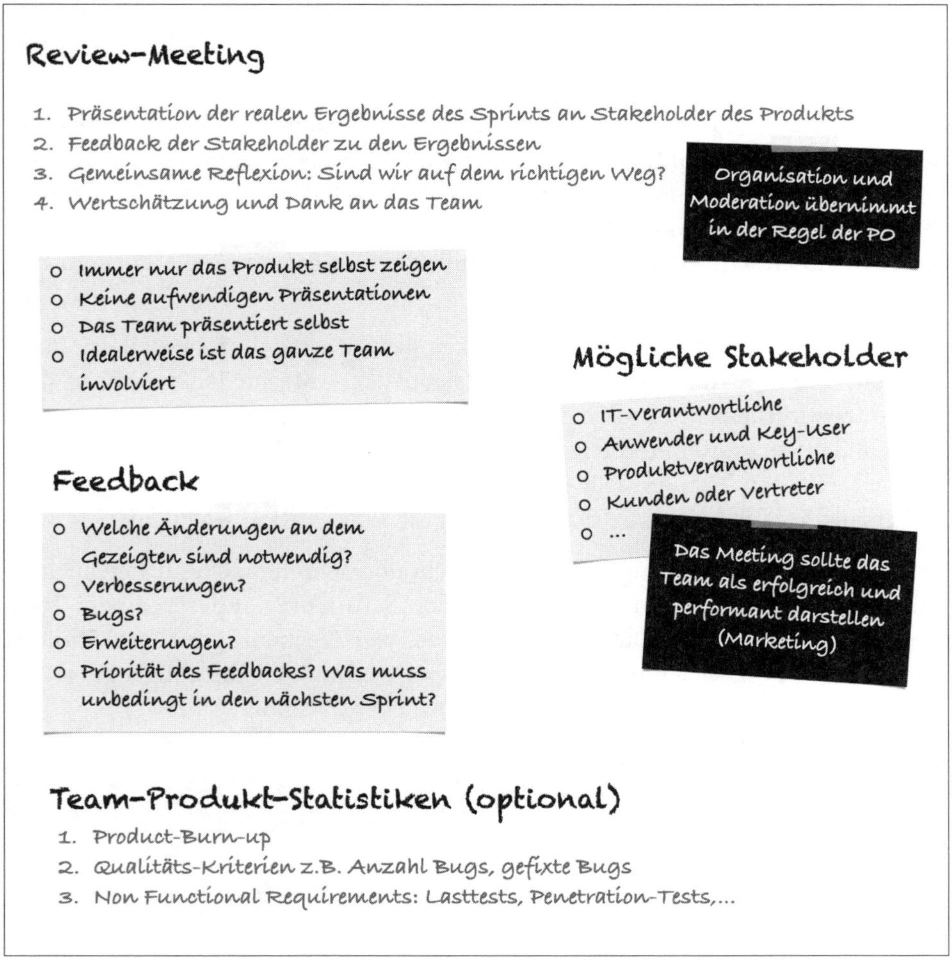

Abb. 3.25: Übersicht zum Review-Meeting

Idealerweise zeigt jeder im Team das, an dem er gearbeitet hat. Es sollten möglichst viele verschiedene Personen beteiligt sein. Die Präsentation selbst richtet sich nach den Interessen der Stakeholder. Der Einstieg ist immer die Nutzung des Software-Interface. Wenn es User-Storys im Sprint gibt, die kein Interface haben, kann man auch auf tiefere Datenschichten direkt zugreifen und die Daten und Änderungen präsentieren. Das sollte eher die Ausnahme sein. Die Stakeholder können direkt Fragen stellen und Feedback geben. Wenn es Änderungswünsche gibt, können diese sofort im nächsten Sprint aufgenommen werden. Die Priorität kann mit dem Product-Owner direkt besprochen werden. Auch Bugs können sofort aufgenommen werden, wenn sie auftreten.

Nachdem alle Storys präsentiert worden sind, geht es um die Frage, ob das Team auf dem richtigen Weg aus Perspektive der Stakeholder ist. Das mag banal klingen, ist jedoch für das Team extrem wichtig. Für den Fall, dass es Fragen zur Richtung der Weiterentwicklung gibt, werden diese sofort mit allen Teilnehmern besprochen.

Das Review-Meeting sollte in positiver und wertschätzender Atmosphäre stattfinden. Das gesamte Team hat zwei Wochen Vollzeit an den Ergebnissen gearbeitet. Dieser Einsatz sollte vom Product-Owner wertgeschätzt werden. Ein Dank an das Team könnte der Abschluss ein. Das Team und die Ergebnisse sollten möglichst gut nach außen dargestellt werden. Das hilft dem Team und besonders dem Product-Owner in der Organisation.

Optional können noch bestimmte Statistiken gezeigt werden. Eventuell das Burnup-Chart oder Qualitätsmetriken und Bugstatistiken. Mache Teams führen Lasttests in bestimmten Intervallen durch. Auch diese Ergebnisse sind meist für die Stakeholder von großem Interesse. Hier wird man in der Regel nicht auf Präsentationen verzichten können. Die Statistiken sollten idealerweise für alle jederzeit aufrufbar sein und keinen Extraaufwand für die Präsentation erzeugen.

Als Dauer sollte das Meeting 90 Minuten nicht überschreiten. Oft reichen auch 60 oder 45 Minuten. In den Dokumenten der Scrum.org sind für einen Zwei-Wochen-Sprint zwei Stunden und für einen Vier-Wochen-Sprint vier Stunden angegeben. Das lässt sich in der Praxis sehr schwer mit den Terminkalendern der Stakeholder vereinbaren und ist auch oft gar nicht notwendig.

Begriffe im Kapitel

Stakeholder

Kann mit Interessent übersetzt werden. Hat oft nur einen indirekten Einfluss.

Non Functional Requirements

Nichtfunktionale Anforderungen wie z.B. Haltbarkeit und Wartbarkeit eines Produkts

Penetration-Test
Test, in dem versucht wird, Sicherheitslücken aufzuspüren

Lasttest
Test, in dem die mögliche Maximallast eines Systems ermittelt wird

3.12 Retrospektive gestalten

Die Retrospektive ist der Abschluss des Sprints. Direkt nach der Retrospektive beginnt dann der nächste Sprint mit einem Planning.

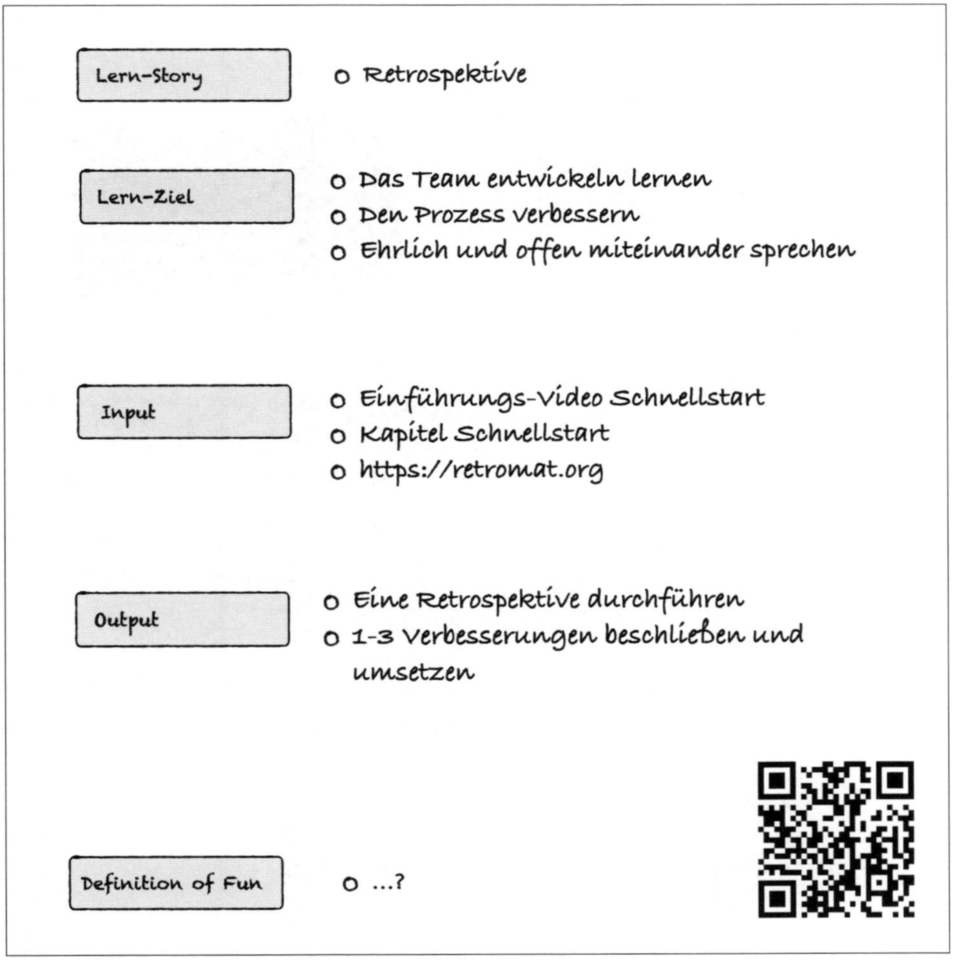

Abb. 3.26: Lern-Story zur Retrospektive

Die Retrospektive ist für das Team und seine Entwicklung das wichtigste Meeting. Das ist für Einsteiger oft schwer zu erkennen. Das Ziel dieser Lern-Story ist es, den Wert und das Potenzial einer Retrospektive zu verstehen und zu erleben. Dies geschieht durch die Retrospektive selbst. Die Retrospektive wird vom Scrum-Master moderiert. Es empfiehlt sich deshalb, dass der Scrum-Master diese Lern-Story übernimmt. Das konkrete Erleben hilft oft mehr als alle Hintergrundinformationen. Der Output aus der Retrospektive sollen ein bis drei Verbesserungen sein, die das Team gemeinschaftlich beschließt. Sich gar nichts vorzunehmen und einfach nur miteinander zu reden, kann häufig auch hilfreich sein, ist aber kein guter Einstieg. Eine Retro hat das Ziel, Verbesserungen zu identifizieren und umzusetzen. Mehr als drei Maßnahmen führen in der Regel zu einer Überforderung des Teams. Das Ergebnis ist meist, dass gar nichts davon angefangen wird.

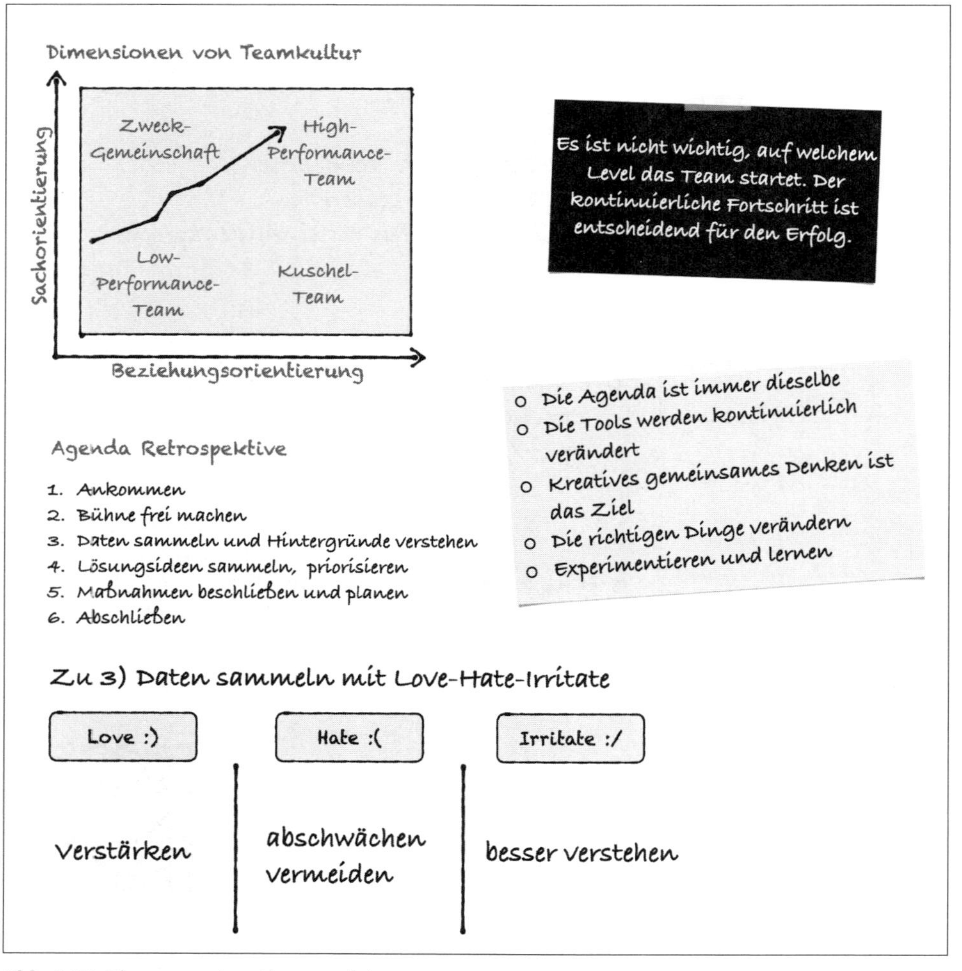

Abb. 3.27: Elemente einer Retrospektive

Zum Einstieg lohnt es, noch einmal auf die Teamkultur zu schauen. Performance hat zwei Dimensionen, die Sachebene und die Beziehungsebene. Beide Ebenen sind für die Teamentwicklung relevant und sollten deshalb in der Retrospektive betrachtet und verbessert werden. Der Name Retrospektive ist ein wenig irreführend. Der abgeschlossene Sprint ist der Zeitraum, der in der Retrospektive betrachtet wird. Die daraus abgeleiteten Maßnahmen zielen aber immer auf den nächsten Sprint. Der zeitliche Fokus wendet sich innerhalb der Retrospektive von der Vergangenheit in die Zukunft.

Die Standard-Agenda einer Retrospektive ist immer dieselbe. Ihre Gestaltung sollte allerdings jedes Mal anders sein. In der Retrospektive sollen neue Lösungen und Perspektiven erzeugt werden. Dazu ist es hilfreich, immer wieder andere Tools und Techniken zu nutzen. Für den Scrum-Master stellt das einen erheblichen Aufwand dar, immer wieder neue Formate für die Retrospektive zu gestalten. Der Retromat[1] hält hier viele Anregungen parat, die bei der Vorbereitung hilfreich sein können.

Ankommen – Das Team soll wirklich in der Retrospektive ankommen. Eine kurze Check-in-Frage wie zum Beispiel: Mit welcher Stimmung komme ich in dieses Meeting? Jeder im Team beantwortet die Frage kurz. Das Check-in sollte nicht länger als fünf Minuten dauern.

Bühne frei machen – Hier stellt der Scrum-Master das Thema der Retrospektive vor und beschreibt kurz den Ablauf. Ein thematischer Fokus ist oft sehr hilfreich, um wirklich auf ein Thema zu schauen und es zu verbessern. Die Relevanz des Themas sollte von allen im Team Unterstützung finden. Dies sollte vom Scrum-Master im Vorfeld abgeklärt werden. Für eine erste Retrospektive ist ein thematischer Fokus nicht zu empfehlen. Ein offenes Format, in dem alle Aspekte des vergangenen Sprints besprochen werden können, ist hier zu empfehlen.

Daten sammeln – Hintergründe verstehen – Dieser Punkt beginnt damit, dass jeder im Team zu einem bestimmten Format Klebezettel schreibt. Das Beispiel hier ist Love-Hate-Irritate. In die ersten Spalte kommen Zettel darüber, was im Sprint gut gelaufen ist. In der zweiten Spalte sind Themen, die nicht so gut gelaufen sind. Diese Themen haben schlechte Gefühle ausgelöst. In der dritten Spalte werden Themen gesammelt, die bei dem Team Irritationen ausgelöst haben. Für den gemeinsamen Ablauf ist es oft hilfreich, wenn eine Person ihre Zettel anklebt und kurz beschreibt, damit wirklich alle verstehen, was damit gemeint ist. Möglicherweise gibt es schon erste Kommentare in Richtung der Hintergründe. Dabei ist jedoch auf die Zeit zu achten. Es ist wichtig, alle Themen zu präsentieren und

1 `https://retromat.org/`

erst dann in die Hintergründe einzusteigen. Eine Clusterung von Themen zu Themengruppen hilft den Teilnehmern oft bei der Übersicht. Dies wird vom Scrum-Master moderiert. Wenn alles präsentiert ist, muss zunächst ein Thema gefunden werden, das dann genauer betrachtet wird. Geübtere Teams können auch mehrere Themen besprechen, dies ist für Anfänger jedoch nicht zu empfehlen. Dies braucht ein sehr gutes Zeitmanagement. Eine Priorisierung durch Klebepunkte ist eine schnelle und effektive Möglichkeit, eine eindeutige Rangfolge zu erzeugen. Jeder im Team bekommt die gleiche Anzahl an Klebepunkten und klebt sie auf ein oder mehrere Themen, die er gerne weiter besprechen möchte, um sie besser zu verstehen. Das Thema mit den meisten Punkten wird dann im Detail besprochen. Hier werden die Hintergründe genauer betrachtet. Wenn sich schon erste Lösungsideen abzeichnen, werden diese an der Seite gesammelt. Die Lösung steht noch nicht im Fokus. Alle Agendapunkte brauchen eine Timebox, die der Scrum-Master im Blick behält. Es fühlt sich anfangs möglicherweise etwas komisch an, noch nicht alles analysiert zu haben und trotzdem im Ablauf weiterzugehen.

Lösungsansätze finden und priorisieren – Hier findet der Übergang in der Zeit statt. Ab jetzt geht es um eine wünschenswerte Zukunft: Was wären gute Lösungen? Wer viele Lösungsmöglichkeiten findet, hat viel Auswahl, um die beste zu identifizieren. Manchmal kann man auch Lösungen kombinieren und ergänzen. Dieser Teil ist ein kreativer Prozess. Eine Priorisierung bildet den Abschluss dieses Angelpunkts. Welche Lösung möchten die Teilnehmer umsetzen? Klebepunkte sind auch hier hilfreich für die Moderation.

Maßnahmen beschließen – Hier geht es darum, die gefundene Lösung im Detail zu planen. Wer macht was bis wann? Je konkreter die Umsetzung geplant wird, desto höher ist die Wahrscheinlichkeit, dass sie auch umgesetzt wird.

Abschließen oder auch Check-out – Hier gibt es wieder eine kurze Feedbackrunde zu einer Fragestellung zur Wirkung der Retrospektive. Wie geht es mir jetzt, nachdem wir diese Themen besprochen und diese Maßnahmen beschlossen haben?

Für den Scrum-Master ist seine erste Retrospektive eine große Herausforderung. Oft ist es an dieser Stelle hilfreich, vorher einem erfahrenen Kollegen zuzusehen oder sich von ihm beraten zu lassen.

Für die Umsetzung der Ergebnisse der Retro ist das Team verantwortlich, nicht der Scrum-Master. Er hat auch nicht die Aufgabe, das Team immer wieder daran zu erinnern. Eine Hilfestellung könnte sein, die Maßnahmen der letzten Retrospektive im Raum zur Erinnerung aufzuhängen. Das Team kann dann selbst entscheiden, ob es darauf zurückkommen möchte. Das Team muss lernen, auch hier selbstorganisiert zu arbeiten.

3.13 Prozess nach dem Sprint integrieren

Die letzte Lern-Story ist nicht mehr Teil von Scrum. Es geht um die Prozesse, die nach der Fertigstellung einer User-Story kommen. Für das Scrum-Team sind die Themen abgeschlossen, wenn sie fertig entwickelt sind. In der Organisation gehen die Prozesse noch weiter. Um diesen Teil geht es.

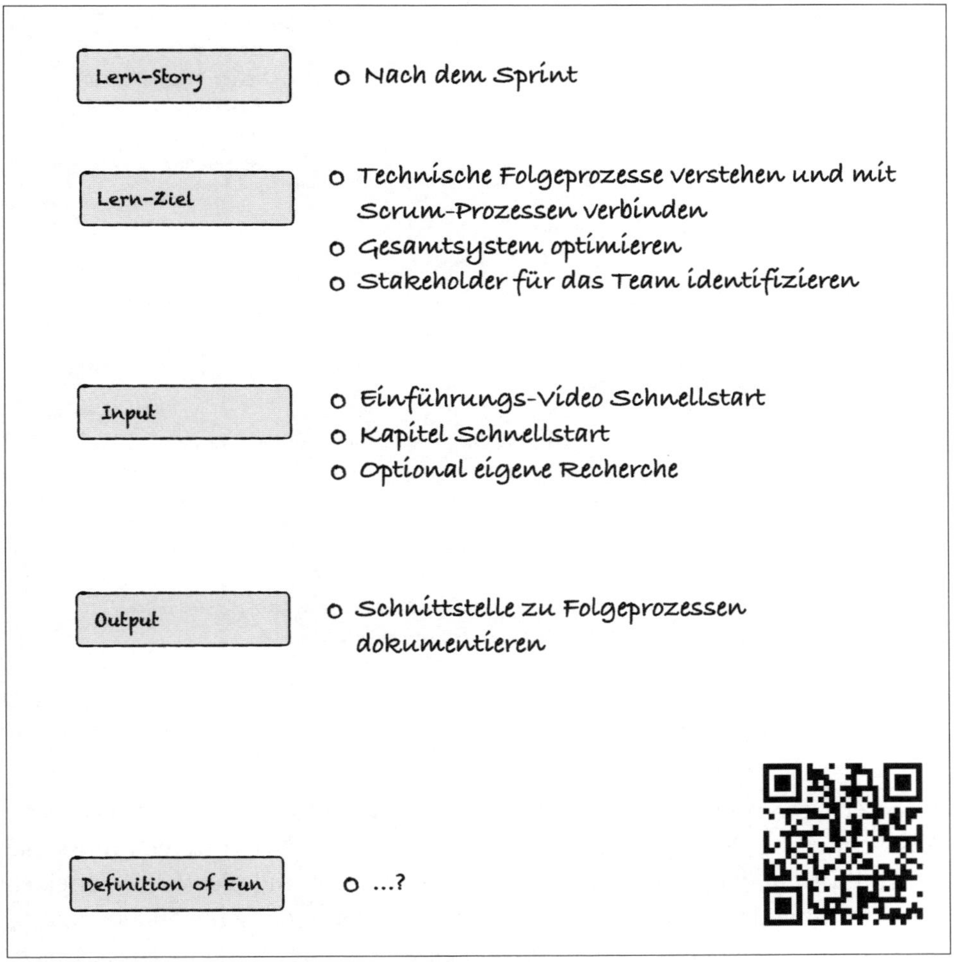

Abb. 3.28: Lern-Story für die Prozesse nach dem Sprint

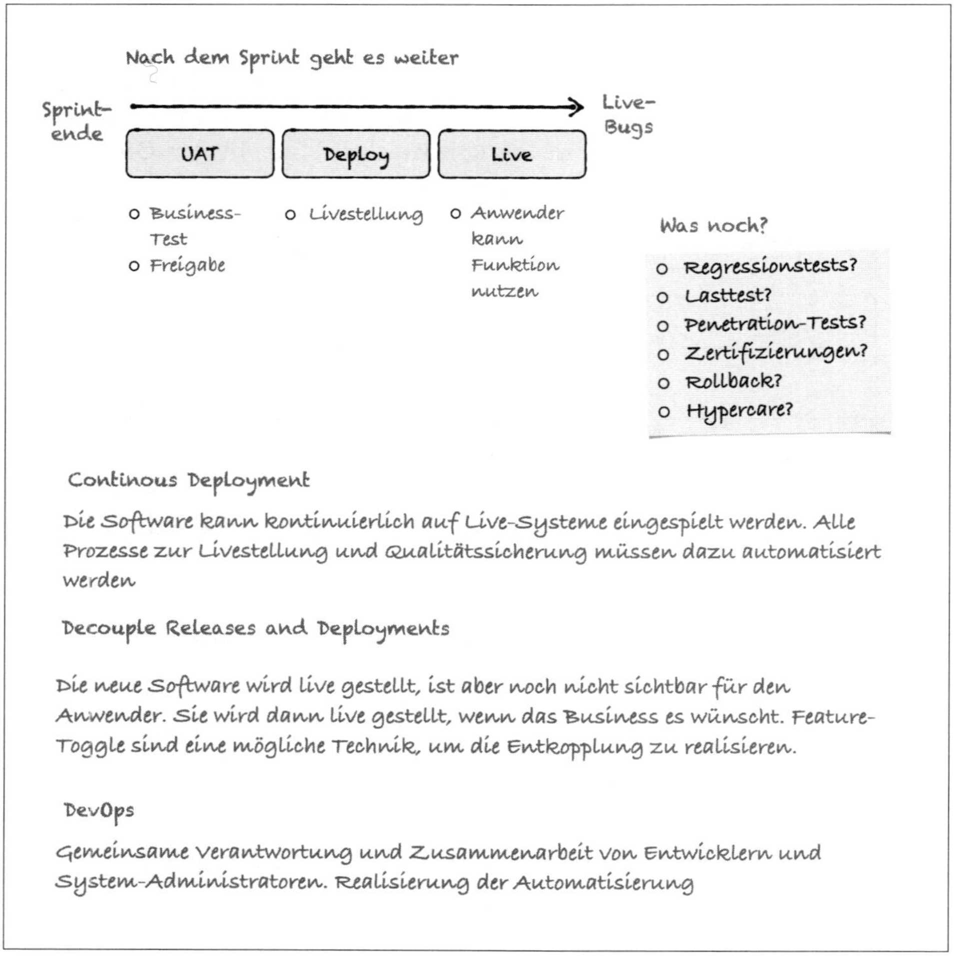

Abb. 3.29: Übersicht über Folgeprozesse

In dieser User-Story geht es um den Einfluss der Folgeprozesse auf das Team. Wenn ein großes Verbundrelease ansteht und alles zertifiziert werden muss, hat das Einfluss auf den Sprint des Teams. Diese Prozesse sind nicht in der direkten Verantwortung des Teams, aber sie benötigen in der Regel seine Unterstützung. Deshalb ist es hilfreich, sie genau zu kennen und in ihrer Wirkung auf das Team zu verstehen. Eventuell kann sich das Team bestimmte Prozesse einfacher machen, indem es bestimmte Qualitätsprüfungen und Dokumentationen in die Definition of Done aufnimmt.

Ein Prozess, der großen Einfluss auf das Team hat, ist der Bugfix und Live-Support-Prozess. In vielen Organisationen gibt es Betriebsteams, die eigene Betriebsprozesse und Tools haben. Für den Wert Transparenz in Scrum wäre es sinnvoll, alles, was das Team im Sprint macht, in einem Kanban-Board – und das bedeutet, in einem System – zu haben. Es gibt zwei Möglichkeiten, diese Transparenz herzustellen. Die eine ist, dass man alles, was das Team macht, aufnimmt und mit Story-Points schätzt. Das bedeutet, dass vor einem Sprint bekannt sein muss, dass zum Beispiel ein Lasttest unterstützt werden soll. Dieser wird dann vom Team mit z.B. 5 Punkten geschätzt und eingeplant.

Der andere Ansatz nennt sich Capacity-Allocation. Hier wird ein im Vorfeld definierter Anteil der Kapazität des Teams für Support oder andere Unterstützungsthemen reserviert. Ein Team könnte für Regelsupport 15% der Kapazität für Bugs reservieren. Im Falle eines großen Releases, in dem viel Support erwartet wird, wird der Anteil dann einfach erhöht, z.B auf 30%. Das Team würde dann entsprechend weniger Story-Punkte für neue Funktionen in den Sprint ziehen. Dieser Ansatz würde dem Team auch die Freiheit geben, Bugs nicht in Story-Points schätzen zu müssen. Stattdessen müsste der tatsächliche Aufwand für die Fehlerbeseitigung dokumentiert werden, damit die Kapazitätsplanung überprüft werden kann.

Als Zielbild ist es für Scrum-Teams optimal, wenn es möglichst wenig Folgeprozesse in der Organisation gibt. Continous Deployment ist ein Konzept, das diesem Idealbild sehr nahekommt. Hier werden User-Storys, die fertig sind, sofort qualitätsgesichert und live gestellt. Diese Prozesse kann der Entwickler im besten Fall sogar selbst auslösen. Die gesamte Qualitätssicherung wird entsprechend automatisiert und in die Prozesse integriert. Ein kontinuierlicher Fluss an neuen Funktionen im Livesystem ist das Ziel.

Zusätzlich kann man noch Releases von Deployment entkoppeln. Dies kann durch Feature-Toggles realisiert werden. Sie sind kleine Konfigurationen, die die Funktion der User-Story ein- und ausschalten können. Auf diese Weise kann eine Funktion lange vor dem Livegang releast werden. Der Go-live-Zeitpunkt kann vom Business entschieden werden und ist von den technischen Prozessen getrennt.

DevOps ist ein Konzept, in dem Entwicklung und Betrieb gemeinsam Verantwortung für die Systeme übernehmen. Beide arbeiten zusammen an der Infrastruktur. Sie wird kontinuierlich optimiert, um irgendwann das Continous Deployment unterstützen zu können.

Die Konzepte sind hier vorgestellt, damit das Scrum-Team die Folgeprozesse nicht als festgeschrieben und unveränderlich betrachtet. Diese zu kennen und den Einfluss auf das Team zu verstehen und einzuplanen, ist die Aufgabe in dieser Lern-Story. Die nächste Lern-Story ist sehr verwandt. Darin geht es um die gesamten Durchlauf- und Wartezeiten des Prozesses. Die Trennung ist manchmal schwer. Eventuell empfiehlt es sich, die Storys gemeinsam zu bearbeiten.

3.14 End2End-Prozesszeit

Das Scrum-Team kann die Entwicklungszeit direkt beeinflussen. Die Gesamtzeit, die eine User-Story von der Idee bis zum Go-live benötigt, ist jedoch in der Regel länger. Diesen Gesamtprozess zu verstehen und möglicherweise zu optimieren, ist das Ziel dieser Lern-Story. Der konkrete Output ist eine Visualisierung des gesamten Prozesses und, wenn möglich, einer konkreten Durchlaufzeit nach dem Status Done des Teams.

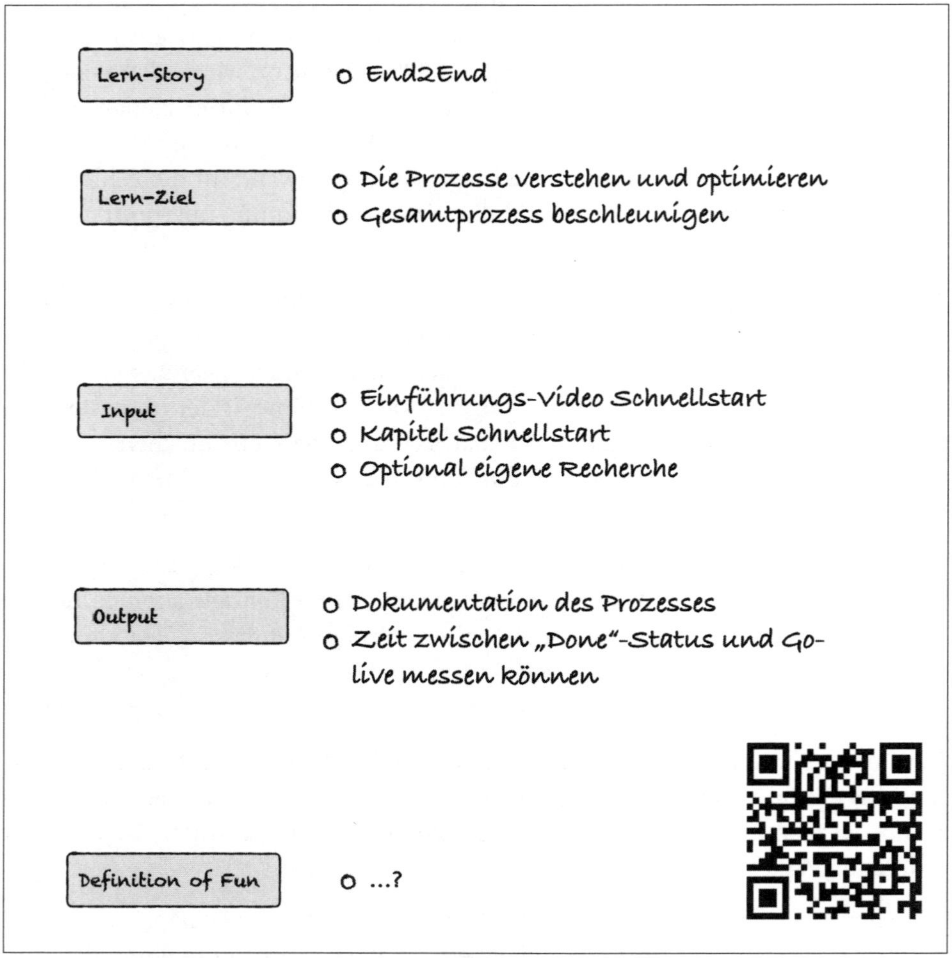

Abb. 3.30: Lern-Story zum End2End-Prozess

Die Grund-Idee dieser Lern-Story kommt aus der Kundenorientierung. Auch Kanban betrachtet immer den Flow im Gesamtsystem und versucht, das gesamte System zu optimieren.

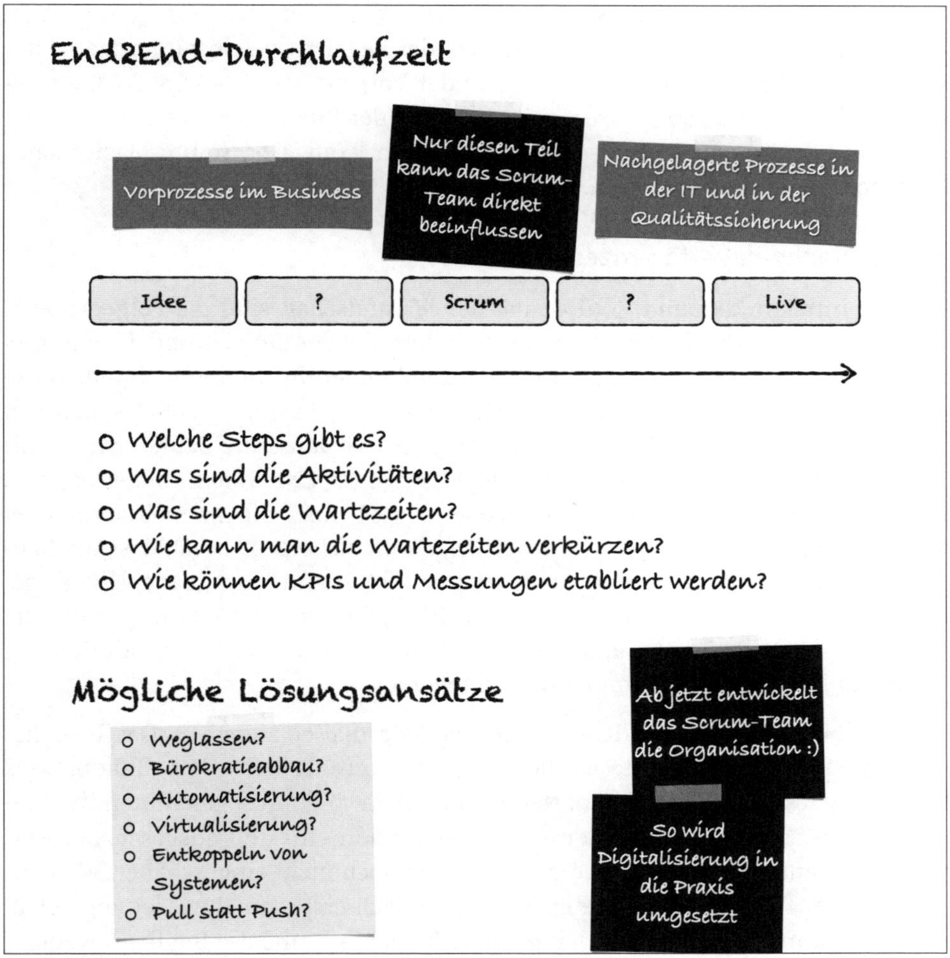

Abb. 3.31: Ansätze zur Prozessoptimierung

3.14.1 Vorprozesse im Business

Wenn das Team direkten Kundenkontakt hat und die User-Storys selbst entwirft und dann umsetzt, gibt es hier keine Prozessschritte. Dann gibt es hier nur die durchschnittliche Wartezeit einer User-Story im Backlog. Diese wiederum hängt stark von der Summe der Storys ab, die dort auf die Umsetzung warten. Je weniger, desto besser. Möglicherweise macht es Sinn, User-Storys im Backlog, die eine sehr geringe Priorität haben und schon lange warten, einfach zu verwerfen.

In manchen Teams kommen vor der Entwicklung auf Auftraggeberseite möglicherweise noch Steps hinzu. Interne Beantragungen, Beauftragungen, Schätzungen und vieles mehr ist möglich. Diese Schritte wären dann im End2End-Prozess der Anfang. Die Leitfragen für die Optimierung geben eine erste Idee, in welche

Richtung man bei der Prozessverbesserung denken kann. Das Team kann mögliche Verbesserungen in den Vorprozessen in der Regel nicht selbst umsetzen. Hier ist es notwendig, sich mit den Beteiligten der Vorprozesse an einen Tisch zu setzen. An diesem Ende des Prozesses ist es häufig der Product-Owner, der die Beteiligten kennt und eine Verbesserung ansprechen kann. Der Scrum-Master kann hier moderierend unterstützen.

3.14.2 Nachgelagerte Prozesse in der IT

Je nach Infrastruktur und Komplexität der IT-Landschaft sind die Folgeprozesse nach einer Scrum-Entwicklung der spannendere Teil der Betrachtung. Hier gibt es möglicherweise Abnahmetests durch den Endkunden im Systemverbund. Diese werden oft durch Verbundreleases viertel- oder halbjährig angestoßen. Eventuell gibt es noch bestimmte Quality-Gates, die eine Software durchlaufen muss, um ausgeliefert werden zu können. Das Deployment im Live-System bildet dann in der Regel den Abschluss der Prozesskette. Dieses muss oft manuell aufbereitet und auch wieder qualitätsgesichert werden, damit sichergestellt ist, dass die Software auch dem entspricht, was getestet wurde. Ein Scrum-Team, das solche Folgeprozesse bedienen muss, braucht sich nicht zu wundern, wenn die Kundenzufriedenheit beim Endnutzer nicht wirklich nach der Scrum-Einführung steigt. Im Live-System kommt nichts schneller an.

Ein Idealbild für ein Scrum-Team würde folgendermaßen aussehen. Das Team hat automatisierte Regressionstests, die die ganze Software bei jedem Buildprozess vollständig testen und validieren. Neue Funktionen sind mit sogenannten Feature-Toggles ausgestattet und können per Konfiguration ein- und ausgeschaltet werden. Ein Feature kann damit live gehen und ist noch nicht eingeschaltet. Wenn es einen Fehler hat und schon live ist, wird es einfach erst einmal wieder abgeschaltet. Es ist dann für den Endkunden nicht mehr sichtbar, und der Bugfix ist weniger dringend. Die gesamte Prozesskette für die Deployments auf allen Systemen ist vollständig automatisiert und kann vom Scrum-Team selbst angestoßen werden. Durch die Feature-Toggles kann das Business entscheiden, wann die Software für den Endkunden sichtbar gestellt wird. Dieses nennt sich Releases und Deployments entkoppeln. Die Wartezeit der fertig entwickelten Software ist in einem solchen System deutlich kürzer und die Zufriedenheit des Endnutzers durch die kontinuierliche Lieferung ist deutlich höher.

Diesen Prozess vollständig mit allen Schritten zu visualisieren und eine erste Idee für Prozesszeiten und Wartezeiten zu ermitteln, ist ein guter Anfang für die Verbesserung des Gesamtsystems. Wenn es gemessene Daten gibt, sind diese immer willkommen. Zu möglichen Lösungsansätzen ist es in der Regel hilfreich, mit vielen Stakeholdern innerhalb der IT gemeinsam nachzudenken. In der Regel ist ein gemeinsamer Workshop hilfreich, in dem man das erste, möglicherweise noch unvollständige End2End-Prozess-Bild präsentiert und vervollständigt, um es zu optimieren. Die Fragen zur Optimierung sind in der Grafik dargestellt. Der wirksamste kurzfristige Anfang ist, die Wartezeiten zu verkürzen. Der strategisch wirksamste Schritt ist, alle Folgeprozesse zu automatisieren. Dazu benötigt es ein Budget und häufig auch eine organisatorische Veränderung. Der Scrum-Master kann das Team und den Endnutzer durch die Moderation von Workshops und durch Gespräche mit Stakeholdern unterstützen. Dieser Teil wird gern übersehen, weil er nicht direkt im Team stattfindet. Der Effekt auf die Wirksamkeit des Teams und auf die Zufriedenheit im Team kann jedoch sehr groß sein.

Begriffe

Non Functional Requirements
Nichtfunktionale Anforderungen wie z.B. Haltbarkeit und Wartbarkeit eines Produkts

Penetration-Test
Test, in dem versucht wird, Sicherheitslücken aufzuspüren

Lasttest
Test, in dem die mögliche Maximallast eines Systems ermittelt wird

UAT
Abnahmetest durch die verantwortlichen Abteilungen im Business

Deployment
Einspielen von neuer Software auf bestimmte Server

Virtualisierung
Server ohne Hardware

KPI
Kennzahlen zur Messung von Performance

Kapitel 4

Weiterlernen mit Scrum

Wenn man erst einmal verstanden hat, wie leicht es ist, in der Praxis zu lernen, kann man einfach weiterlernen. Die folgenden Themenvorstellungen sind keine Lern-Storys mehr. Zum Teil würden die Themen, wenn man sie umfassend behandeln würde, selbst ganze Bücher füllen. Hier geht es darum, mögliche Ergänzungen zu Scrum vorzustellen. Es sind alles Themen, die gut mit Scrum kombinierbar sind und auch in der Praxis mit Scrum kombiniert werden.

4.1 Liberating Structures nutzen

Liberating Structures könnte man mit »befreiende Maßnahmen« übersetzen. Die Kreativität des Teams und sein Denken sollen durch hilfreiche Strukturen befreit werden. Diese Strukturen geben den Teams einen Rahmen, in dem Ergebnisse spielerisch leicht gelingen können. In Abbildung 4.1 ist ein Originalzitat übersetzt.

Es gibt sehr viele Strukturen, und für einige gibt es zum Teil wenige Anwendungsfälle. Andere sind selbst wieder sehr komplex durchzuführen und nur für Experten zu empfehlen. Hier werden zwei Strukturen kurz vorgestellt, die sich auch miteinander kombinieren lassen. Sie zeigen das Prinzip von Liberating Structures sehr gut.

Das 1-2-4-All-Muster könnte man zum Beispiel in eine Retrospektive ziehen. Damit lassen sich bestehende Muster einfach variieren und durchbrechen. In der Standard-Agenda könnte man an Punkt 4) »Lösungen sammeln und priorisieren« die Lösungsfindung in Kleingruppen vergeben. Man muss dabei auch nicht immer alle vier Steps durchgehen. Man kann auch einfach nur Zweier- und Vierergruppen bilden. Die beiden Muster lassen sich auch kombinieren. Wenn zum Beispiel Kanban-Know-how für die Lösungsfindung notwendig ist, könnte man die ersten Zweiergruppen mit Folding Spectrogram bilden. Damit ist sichergestellt, dass in allen Gruppen genug Kanban-Know-how vorhanden ist. Der Schwächste wird vom Stärksten unterstützt.

Liberating Structures lassen sich in alle möglichen Meetings und Workshops integrieren. Die Grundidee ist es, einen Rahmen zu gestalten, zu dem alle etwas beitragen können. Es sind auch Kundenworkshops für neue Anforderungen in Scrum denkbar, in denen verschiedene Stakeholder anwesend sind. Da der Scrum-Master im Wesentlichen der Moderator für Workshops ist, erweitert Liberating Structures seine Möglichkeiten am meisten.

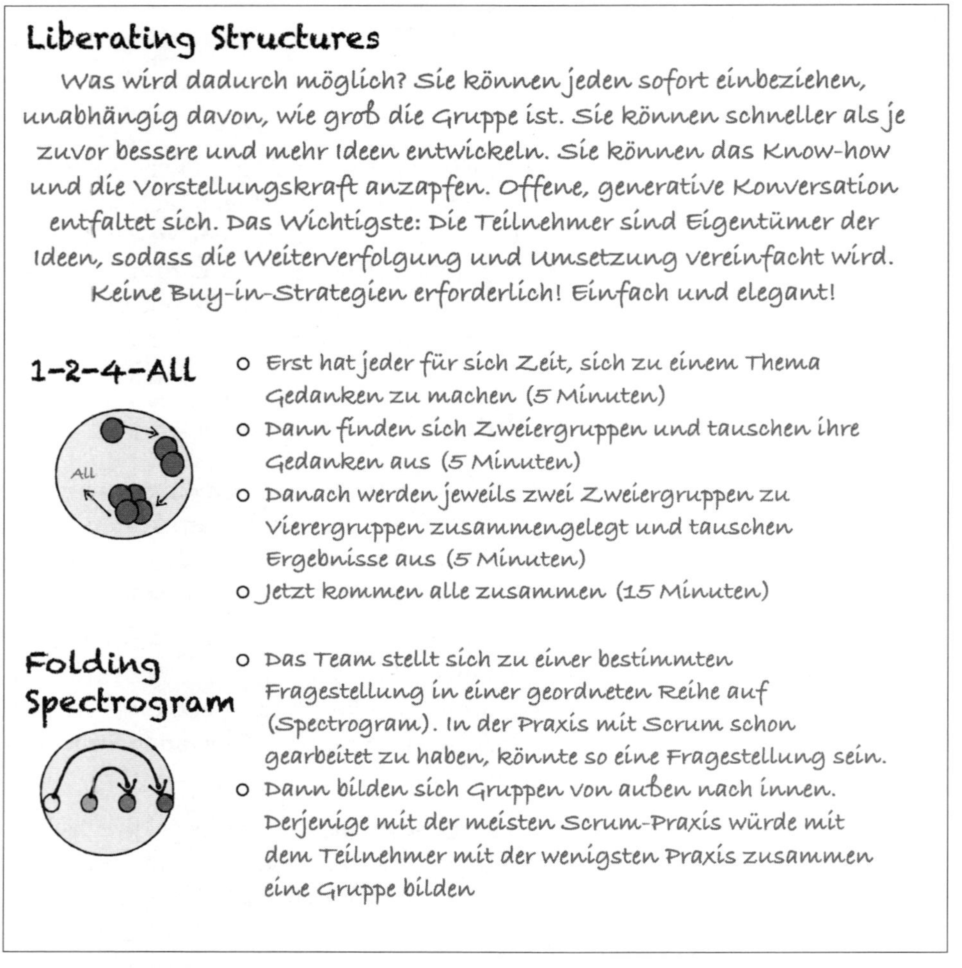

Abb. 4.1: Liberating Structures

Ein guter Einstieg in das Thema ist das folgende Buch:

»Liberating Structures: Entscheidungsfindung revolutionieren« von Daniel Steinhöfer

4.2 Team-Entwicklung mit Micro Inputs

Micro Inputs sind kleine Karten-Sets mit Übungen oder Fragestellungen zur eigenen Entwicklung oder zur Team-Entwicklung. Sie sollen zu Experimenten einladen. Sie benötigen nicht viel Zeit und sollen Spaß machen. In Abbildung 4.2 sind einige Beispiele aus dem Bereich Achtsamkeit dargestellt. Nicht alles funktioniert für jeden und für jedes Team. Diese Rückmeldung ist für alle sehr wichtig. Was gut funktioniert, kann man öfter machen. Was nicht funktioniert, wird nicht wiederholt. Auf diese Weise lernt das Team spielerisch Neues.

Abb. 4.2: Beispiel für Micro Inputs

Auch hier ist in der Regel der Scrum-Master der Initiator für die Nutzung dieses Werkzeugs. Im Folgenden sind einige exemplarische Kartensets aufgezählt. Es werden jedoch immer wieder neue erstellt und bewertet. Die Liste kann nur ein erster Einstieg in die Recherche sein.

- »Achtsames Arbeiten: 60 Impulse für mehr Achtsamkeit, Selbstfürsorge und Stressbewältigung im Arbeitsalltag« von Marianne Kampel und Andrea Frank
- »Ressourcenübungen für Erwachsene« von Melanie Gräßer und Eike Hovermann
- »Selbststärkung: 80 erlebnisorientierte Übungen für Psychotherapie und Beratung« von Frauke Nees
- »Workshops online+Präsenz agil gestalten mit Wondercards« von Wondercards
- »Liberating Structures Design Cards Extended Edition« von Holisticon
- »Erzählt euch mehr | Toolbox für Kommunikation | Kartenspiel für tiefsinnige Gespräche« von Simon & Jan

4.3 Individuelle Lernlandkarten

Agiles Lernen ist nur eine Möglichkeit des Lernens. Es hat die Voraussetzung, dass alle im Team gemeinsam an einem Thema arbeiten und neue Erfahrungen sammeln. Diese Voraussetzung ist für viele Themen nicht gegeben. Sie sind nur für Teile der Gruppe oder für einzelne Individuen relevant und interessant. Hier stößt das Lernen mit Scrum an seine Grenze. Persönliche Lernlandkarten in Verbindung mit Vernetzungsworkshops können hier eine gute Ergänzung sein. Auf den Lernlandkarten verzeichnet jedes Teammitglied, welche persönlichen Lernziele es verfolgen möchte. Über diese Ziele tauscht man sich dann in gemeinsamen Vernetzungsworkshops aus und entwickelt gemeinsame Stationen auf dem Weg zum Ziel. Dieser Ansatz lässt sich auch sehr gut mit Communities of Practice verbinden. Das selbst gesteuerte Lernen im Netzwerk ist Ergebnis von Lernlandkarten.

Mehr zu dem Thema ist in dem folgenden Buch zu finden: »Lernhacks: Mit einfachen Routinen Schritt für Schritt zur agilen Lernkultur« von Jan Schönfeld und Thomas Tillmann

Gute Templates für einen Direkteinstieg in die Themen sind hier zu finden:

`https://www.lernhacks.de/de/buch`

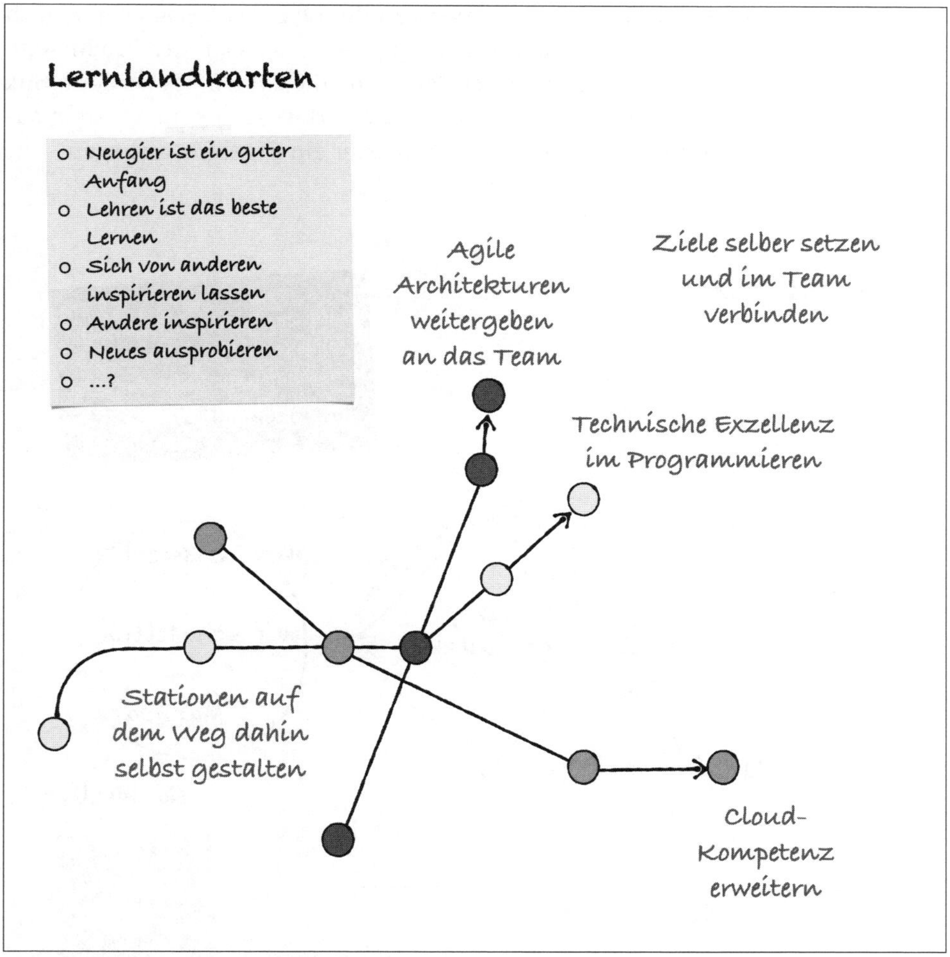

Abb. 4.3: Individuelle Lernlandkarten erstellen

4.4 DesignThink in der Praxis etablieren

Die Lern-Story zur Innovation lässt sich durch die Methode DesignThink weiterentwickeln. DesignThink ist eine Methode, in schnellen Zyklen innovative Lösungen im Spannungsfeld von Kundenwunsch, Wirtschaftlichkeit und technischer Machbarkeit zu identifizieren. Oft sind die Probleme des Kunden für die Innovation selbst noch nicht ausreichend bekannt und verstanden. DesignThink beginnt immer damit, das Problemverständnis zu entwickeln. Nur wer die richtigen Probleme löst, kann den Kunden begeistern. Nach der Definition des Problems geht es erst in die Lösungssuche. Der Prozess beginnt jeweils mit einer ergebnisoffenen Suchbewegung. Erst wenn viele kreative Optionen gefunden wurden, beginnt die Umsetzung der besten Idee. Die Selektion dieser Lösung führt den Prozess dann wieder in den Fokus auf einen bestimmten Prototyp. Da DesignThink auch ein zyklischer Prozess ist, kann man ihn für die frühen Phasen der Produktentwicklung gut mit Scrum verbinden. In der Regel sind die Zyklen des DesignThink schneller als die von Scrum. Solange sie synchronisiert werden können, stellt das kein Problem dar. Zum Review-Meeting sollte immer ein Ergebnis vorliegen.

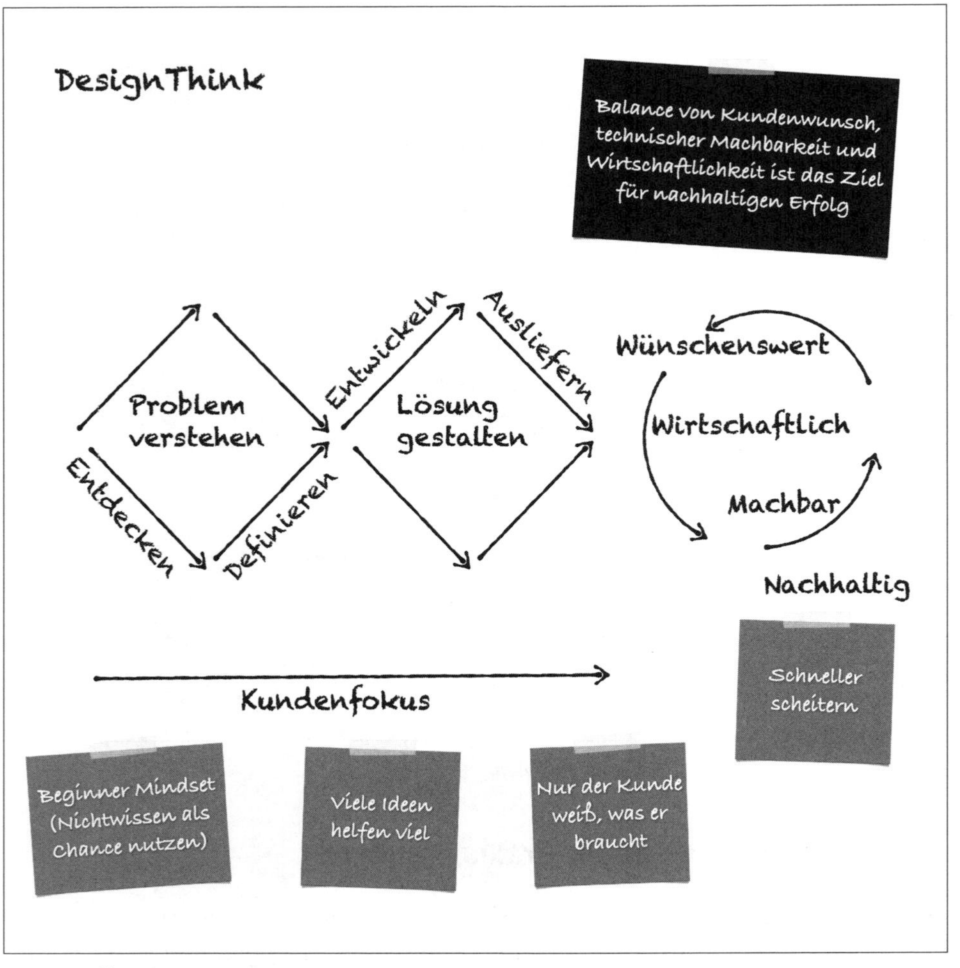

Abb. 4.4: Übersicht DesignThink-Vorgehen

Ein guter Einstieg in das Thema könnte dieses Buch sein:

»The Design Thinking Playbook: Mindful Digital Transformation of Teams, Products, Services, Businesses and Ecosystems« von Michael Lewrick, Patrick Link

4.5 UX/UI für ein besseres Produkt

Ein Scrum-Team soll interdisziplinär besetzt sein. Das bedeutet für Softwareentwicklung neben Entwicklung und Test auch Design. Für viele Unternehmen ist das Design des User-Interface vorhanden. Ob es bereits in den interdisziplinären Teams angekommen ist, ist deutlich weniger sicher. Der Bereich User Experience gestaltet nicht das Layout, sondern die Interaktion mit dem Nutzer. Intuitive Bedienbarkeit ist das Ziel.

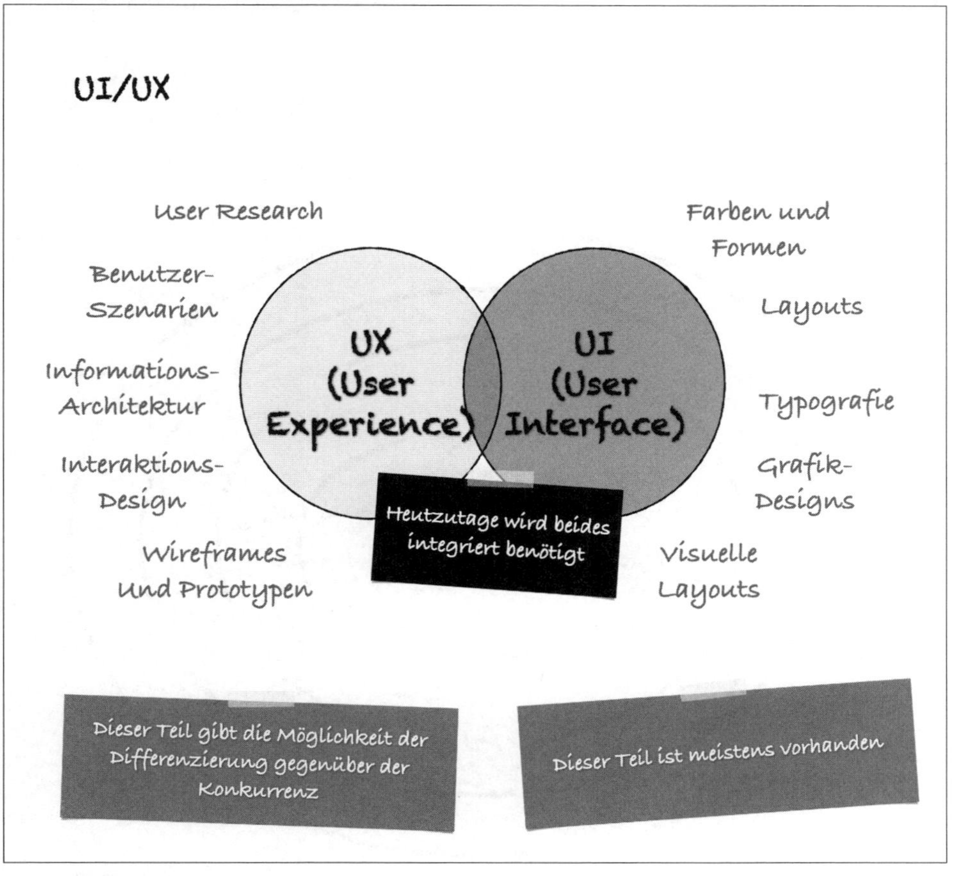

Abb. 4.5: Elemente von UX/UI

Dies ist ein sehr wichtiger Aspekt der Kundenzufriedenheit. Wenn man alles, was man benötigt, sofort findet und einfach bedienen kann, bietet dies darüber hinaus einen strategischen Wettbewerbsvorteil für das Unternehmen. Auf diese Weise ist es möglich, sich von der Konkurrenz positiv abzuheben. Dieses Lernfeld kann sich ein Scrum-Team gemeinsam mit dem Endkunden erschließen. Eine neue Kompetenz lässt sich lernen. Es braucht dazu nicht immer eine weitere Person.

Zur Vertiefung kann dieses Buch helfen:

»Laws of UX: 10 praktische Grundprinzipien für intuitives, menschenzentriertes UX-Design« von Jon Yablonski

4.6 Extreme Programming

Es gibt viele agile Vorgehensmodelle. Scrum ist das am weitesten verbreitete und das am leichtesten zu lernende. Extreme Programming ist ein weiteres. Sämtliche technischen Aspekte von Extreme Programming lassen sich sehr gut in Scrum integrieren.

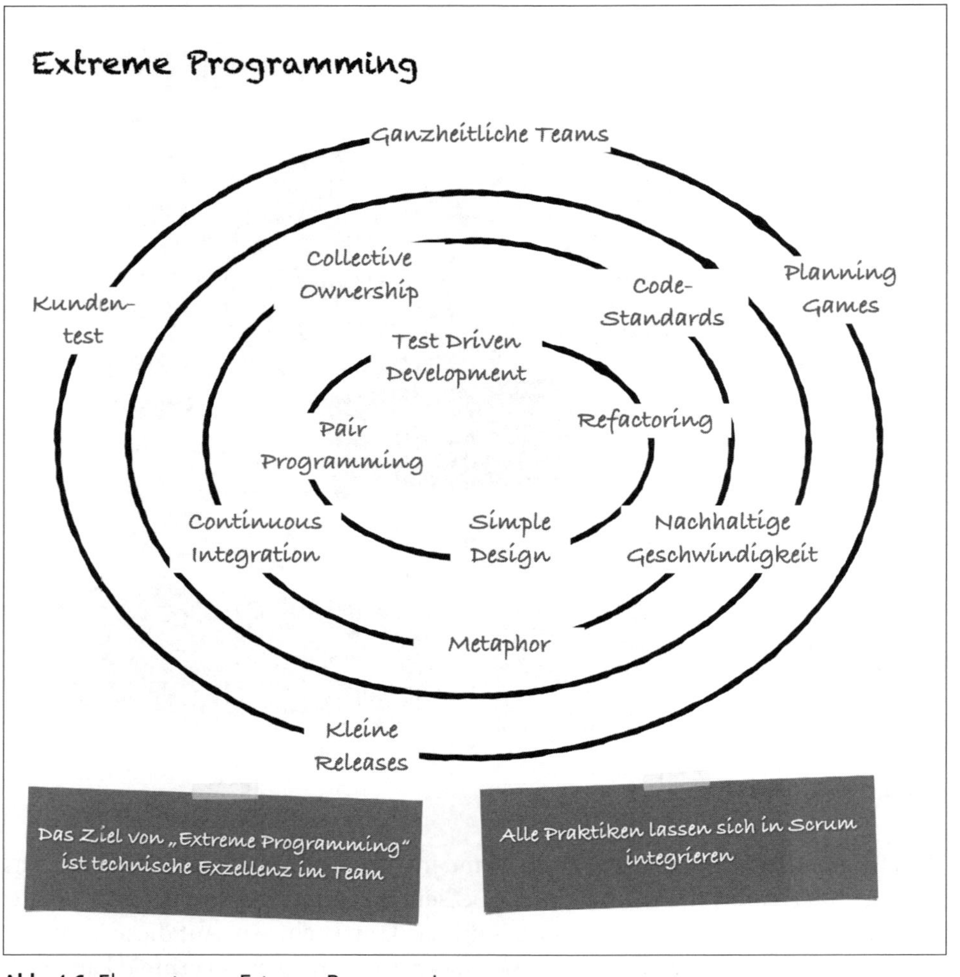

Abb. 4.6: Elemente von Extreme Programming

Je besser die Softwarebasis gebaut ist, desto agiler kann das Team Veränderungen darin vornehmen. Dieser Teil der Qualität ist oft nicht sichtbar für den Anwender, aber sehr offensichtlich für den Programmierer. Wenn eine unübersichtliche schlecht strukturierte Software einen Fehler hat, der behoben werden muss, wird es jedoch auch für den Anwender erlebbar. In einer hochwertigen technologischen Basis kann jeder programmieren, den Code schnell beheben. Er kann sich über die entsprechende Testautomatisierung sicher sein, keine neuen Fehler aus Versehen in die Software eingebaut zu haben. In einer schlechten und unnötig komplexen Softwarebasis kann möglicherweise nur ein einziger Entwickler ein Modul ändern. Kein anderer traut sich daran. Der Entwickler ist nun gerade in Urlaub. Der Bug muss warten. Bei der Fehlerbehebung ist nicht klar, ob unerwünschte Seiteneffekte auftreten. Die Qualitätssicherung muss manuell erfolgen und ist möglicherweise unter Zeitdruck nicht umfassend genug, und ein neuer Fehler wird live gestellt. Die technische Excellence aus »Extreme Programming« betrifft alle Entwickler und ist für das ganze Team eine Lernreise, die eher über Jahre geht als über ein paar Sprints.

Bücher zu diesem Thema sind eher veraltet. Hier kann das Netz deutlich aktueller weiterhelfen.

Das Thema ist auch in SAFe integriert und gut dokumentiert: SAFe - `https://www.scaledagileframework.com/built-In-quality/`

4.7 Mit DevOps arbeiten

Zu Zeiten der Datenverarbeitung galt es als großer Fortschritt, dass Entwickler keinen Zugriff auf die Live-Systeme bekamen und ein professioneller Betrieb nach ITIL zertifiziert aufgebaut wurde. Diese Trennung in Entwicklung und Betrieb löst DevOps wieder auf. Entwicklung und Betrieb sind gemeinsam für alle Systeme verantwortlich und optimieren das Gesamtsystem gemeinschaftlich. Der Betrieb ist auch Anforderer für Entwicklungen und Automatisierungen. In einer virtuellen Umgebung ist der Vorteil von DevOps noch deutlicher. Durch die Virtualisierung der Hardware und »Infrastructure as Code« können Entwickler die Hardware selbst gestalten. Um diese Möglichkeiten für den Endkunden und für das Unternehmen optimal einsetzen zu können, ist es notwendig, dass Entwicklung und Betrieb enger zusammenrücken und Verantwortung teilen. Diese Lernreise ist nicht nur für ein Scrum-Team möglich, sie betrifft auch die Struktur des Unternehmens zwischen Betrieb und Entwicklung. Diese Veränderung bedeutet Lernen auf sehr vielen Ebenen gleichzeitig.

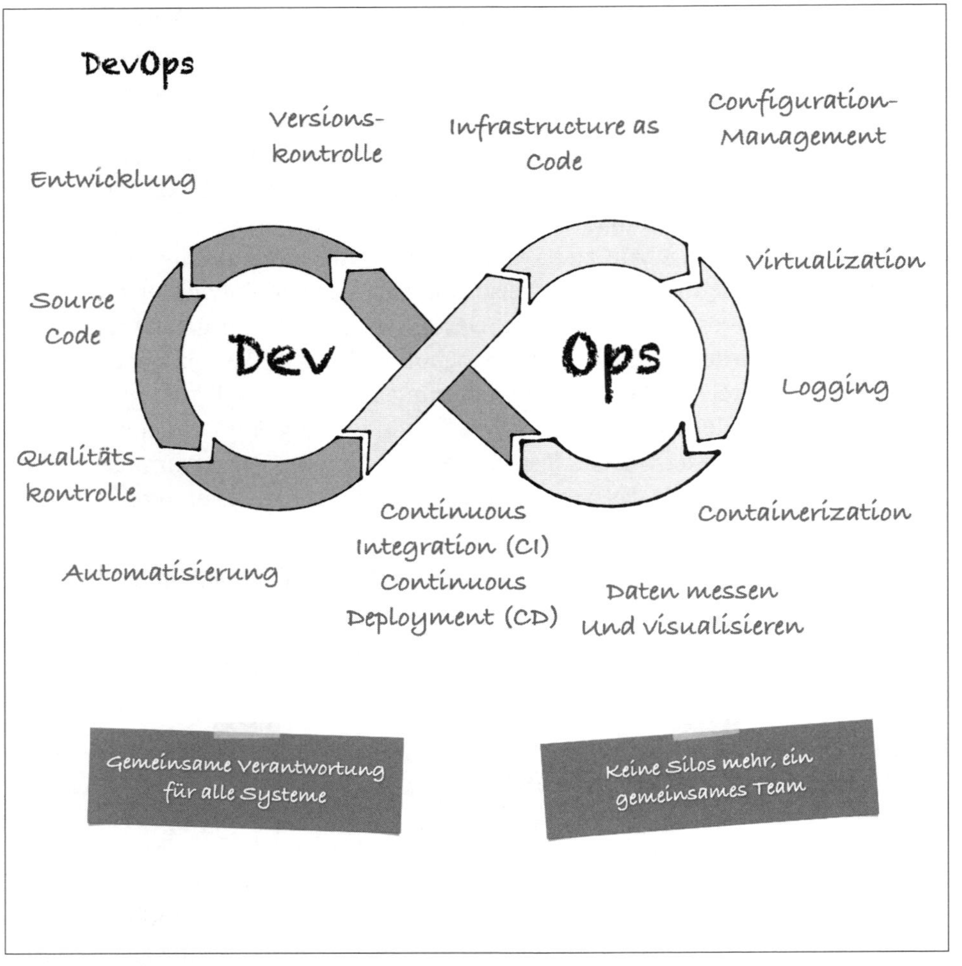

Abb. 4.7: DevOps-Übersicht

Mehr zu dem Thema hier:

»Effective DevOps: Building a Culture of Collaboration, Affinity, and Tooling at Scale« von T. Jennifer Davis und Katherine Daniels

4.8 Mehrere Teams mit Scrum of Scrum verbinden

Organisationen haben oft mehrere Scrum-Teams. Solange die Produkte voneinander unabhängig sind, können sie gut im eigenen Scrum-Modus und Rhythmus voneinander getrennt die Produkte entwickeln. Wenn jedoch mehrere Teams gemeinsam am selben Produkt arbeiten, tauchen die ersten Notwendigkeiten zur Abstimmung auf.

- Nimmt man ein gemeinsames Backlog?
- Wie kann man gemeinsam deployen und testen?
- Wie kann eine End2End-Funktion über mehrere Produkte hinweg entwickelt werden?

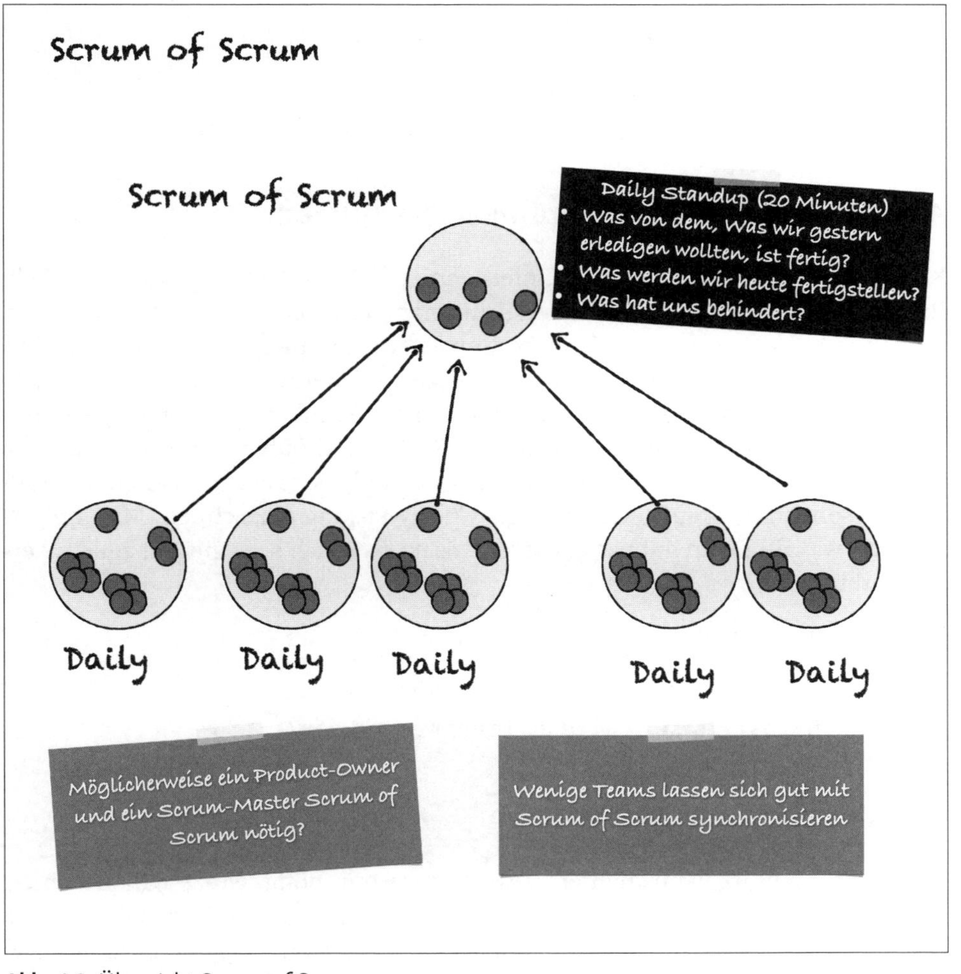

Abb. 4.8: Übersicht Scrum of Scrum

Die einfachste Art der Synchronisation von Scrum-Teams ist ein gemeinsames Scrum of Scrum. Dieses Meeting ist wie das Daily täglich. Es liegt zeitlich immer nach dem Daily der Teams. Ein Teammitglied aus jedem Team nimmt danach an dem Scrum of Scrum teil. Dort berichtet er über dieselben Fragen wie im Team-Daily, nur dass dieses Mal über das ganze Team berichtet wird. Das Ziel ist, dass alle Teams informiert sind, was die anderen aktuell machen, was fertig ist und was die anderen behindert. Es dient der Transparenz über mehrere Teams hinweg.

Eventuell benötigen auch die Product-Owner ein Scrum-of-Scrum-Meeting für sich. Dieses findet üblicherweise nicht täglich statt. Wenn noch mehr Synchronisation, wie zum Beispiel gemeinsame Plannings und Review-Meetings, benötigt wird, ist die Grenze von Scrum of Scrum erreicht. Dann braucht es Enterprise-Scrum-Ansätze. Diese bieten deutlich mehr Möglichkeiten, Teams in gemeinsamem Takt liefern zu lassen. Scrum of Scrum ist deutlich informeller als die anderen Praktiken des nächsten Abschnitts.

Mehr zu dem Thema hier:

`https://www.agilest.org/scaled-agile/scrum-of-scrums/`

4.9 Enterprise-Scrum-Frameworks nutzen

Komplexe Systemlandschaften in Unternehmen haben oft Abhängigkeiten in viele Richtungen gleichzeitig. Diese versucht man, entlang den Wertströmen des Unternehmens auszurichten. Die bekanntesten Enterprise-Scrum-Modelle sind SAFe (Scaled Agile Framework) und LeSS (Large Enterprise Scrum). Diese kann man generalstabsmäßig mit externen Coaches, Schulungen, Zertifikaten und Lizenzen angehen. Das ist mit erheblichen Kosten und Aufwand verbunden. Oder man bedient sich einfach aus den Frameworks und lässt sich von diesen inspirieren. Diesen Ansatz kann man auch als Cherry-Picking bezeichnen. Man nimmt sich das, was für einen gut passt. Dieser Ansatz lässt sich sehr gut mit agilem Lernen verbinden.

Mehr zu dem Thema:

- LeSS – `https://less.works/less/framework`
- SAFe – `https://www.scaledagileframework.com/`

4.10 Flight Level Kanban

Auch dieser Ansatz kann mehrere Teams und wenn nötig, ganze Unternehmen synchronisieren. Der Kanban-Rahmen ist deutlich leichtgewichtiger und schneller zu lernen als die Enterprise-Scrum-Modelle. Kanban setzt auf gemeinsamen Flow von Ergebnissen durch alle Ebenen des Unternehmens. Die oberste Ebene sind die strategischen Themen. Diese werden auf einem Kanban-Bord geplant und verfolgt. Darunter ist eine Koordinationsebene. Diese verbindet mehrere Teams, die nur gemeinsam liefern können. Die unterste Ebene ist die Team-Ebene. Hier werden alle Scrum-Teams aufgehängt. Der große Vorteil der Flexibilität ist für viele Unternehmen auch gleichzeitig der größte Nachteil. Ohne erhebliche Vorerfahrung ist es unwahrscheinlich, dass die Implementierung gut gelingt. Auch hier ist es möglich, von einzelnen gut etablierten Scrum-Teams ausgehend Stück für Stück eine Landschaft mit agilem Lernen aufzubauen.

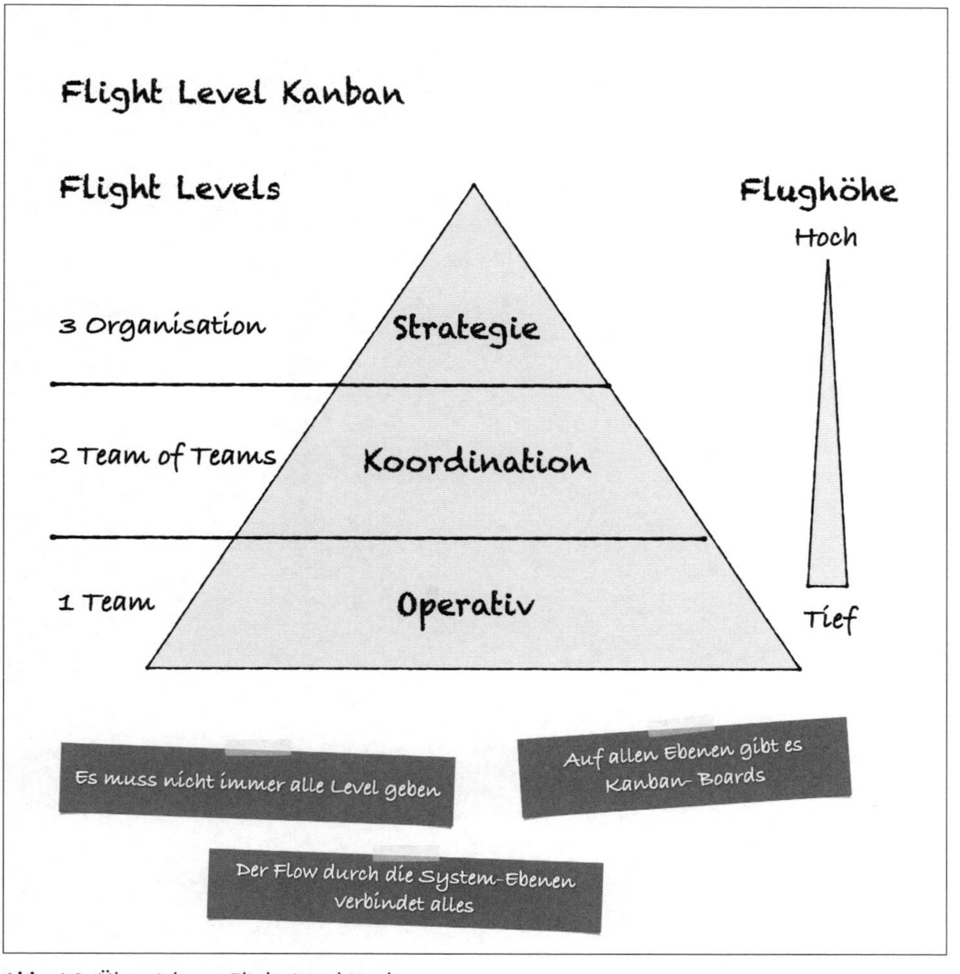

Abb. 4.9: Übersicht zu Flight Level Kanban

Ein guter Einstieg aus Business-Perspektive ist das folgende Buch:

»Agilität neu denken: Mit Flight Levels zu echter Business-Agilität« von Klaus Leopold.

Ich hoffe, die Inspirationen haben neue Ideen geweckt, in welche Richtung eine Weiterentwicklung möglich und sinnvoll sein kann. Ich wünsche viel Freude auf der Entdeckungsreise.

Anhang A

Glossar

A

Agile Mindset

Ein agiles Mindset ist im weitesten Sinne ein bewegliches Mindset, das in der Lage ist, sich auf andere Meinungen und Perspektiven einzustellen. Dieser Perspektivwechsel ist mit Empathie verbunden und wird positiv erlebt.

Agiles Lernen

Ist mehr als bewegliches Lernen. Der Lernende steuert auch seinen Lehrplan nach seinen Interessen und Bedürfnissen.

Agile Werte

Ein agiler Wert ist zum Beispiel Transparenz. Dieser Wert verbessert die Möglichkeit von Agilität. Werte müssen von den Teams gelebt werden, um wirksam zu sein.

Akzeptanzkriterien

Kriterien für die Abnahme von Anforderungen

B

Burn-down-Chart

Statistik der Umsetzung von Story-Points im Sprint

Burn-up-Chart

Statistik der Fertigstellung des Produkts

Bug

Kann mit Fehler im Programm übersetzt werden. Hat in diesem Kontext nichts mit Käfern zu tun.

C

Change

Wenn ein Schmetterling einen halben Flügel verliert, ist das ein Change. Er ist in seinem Wesen unverändert und kann auch noch fliegen.

Coach

Ist ein Unterstützter in Veränderungen. Er begleitet den Prozess, ohne die Lösung vorzugeben.

Commulated-Flow-Diagramm

Diagramm des Durchlasses von Arbeit durch ein Team

Cynefin-Modell

Ist ein Modell, das den verschiedenen Umwelten nach sortiert ist, um passende Denk- und Handlungsmuster zu bestimmen. Oft sind wir nicht gewohnt, diese Frage zu stellen und wenden unsere präferierten Denk- und Handlungsmuster an.

D

Daily-Standup

Meeting zur täglichen Abstimmung von Umsetzung. Es hat das Ziel, Transparenz zu erzeugen.

Demming-Cycle

Handlungszyklus für zyklisches Arbeiten nach Eduard Demming (Plan, Do, Check, Act)

Deployment

Einspielen von neuer Software auf bestimmte Server

DoD – Definition of Done

Beschreibt, welche Anforderungen erfüllt sein müssen, damit sie fertig sind.

DoR – Definition of Ready

Beschreibt, welche Kriterien Anforderungen, die vom Team umgesetzt werden sollen, erfüllen müssen.

Durchlaufzeit

Durchschnitt der Bearbeitungszeit von Anforderungen

E

End2End

Bezeichnet Prozesse von Anfang bis Ende. Dieser Begriff wird so im Wesentlichen im Softwartesting verwendet.

F

Feedback

Rückmeldung zu Funktionen mit dem Ziel, diese zu verbessern

Fibonacci-Folge

Zahlenreihe, die ursprünglich das Wachstum von Kaninchen beschrieb. Es werden immer die beiden vorhergehenden Zahlen miteinander addiert, um die nächste Zahl zu ermitteln. 1, 2, 3, 5, 8, 13 ...

Fixed Mindset

Betrachtet sich als statisch. Veränderung wird als negativ oder schmerzhaft erlebt und entsprechend gemieden.

G

Grooming

Meeting, in dem Anforderungen detailliert und geschätzt werden. Es findet während des Sprints statt.

Growth Mindset

Ein solches Mindset sieht sich selbst als lernendes Wesen. Jede wie auch immer geartete Rückmeldung unterstützt dieses Wesen. Lernen wird positiv gewertet.

H

Haltung

Ist ein Selbstbild, wie ich in der Welt stehe und stehen möchte.

I

Incident

Ist eine Störung im weitesten Sinne.

Innovation

Neuer Mehrwert aus Perspektive des Kunden

Input-Geber

Experte für ein kleines Thema, der es aufbereitet und präsentiert

Iteration

Ist ein Vorgehen in Schleifen. In jedem Schleifendurchlauf wird etwas ergänzt. Ein organisches Wachstum kann entstehen.

J

K

Kanban

Kommt aus dem Toyota-Produktionsprozess. Es ist dort ein Steuerungsprozess mithilfe von Signalkarten.

Kanban-Praktiken

Sind konkrete Tools und Prozesse für die Umsetzung.

Kanban-Prinzipien

Sie geben auf der Meta-Ebene eine Ausrichtung. Wie sie angewendet und implementiert werden, braucht Erfahrung.

Kompetenz

Zur Kompetenz braucht es mehr als Wissen und Fähigkeit. Es braucht auch noch Erfahrung aus verschiedenen Situationen und Reflexion über den Einsatz und den Wert.

KPI

Kennzahlen zur Messung von Performance

L

Lasttest

Test, in dem die mögliche Maximallast eines Systems ermittelt wird

Lernkultur

Ist eine Kultur, in der Entwicklung und Veränderung integriert sind.

Lern-Sprint

Ist ein Zeitintervall für Lernen. Durch die Wiederholung und Variation kann das Wissen verändert oder erweitert werden.

Lern-Story

Ist ein kleines definiertes Element für ein konkretes Lernergebnis.

M

Magic-Estimation

Methode zur Schätzung von Anforderungen in agilen Kontexten

Meet-After

Meeting, dessen Agenda spontan in dem Meeting davor gefüllt werden kann. Wenn es kein Thema geben sollte, findet es nicht statt.

N

Non Functional Requirements

Nichtfunktionale Anforderungen wie z.B. Haltbarkeit und Wartbarkeit eines Produkts

O

P

Paradigmenwechsel

Ein Paradigma ist eine Grundannahme in einem System. Im westlichen Denken ist unser lineares Zeitverständnis tief verwurzelt. Dies zu ändern, wäre ein Paradigmenwechsel.

Persona

Hypothetische Person zur Darstellung von Nutzergruppen

Planning-Poker

Agile Art der Schätzung von Größe und Komplexität von Anforderungen

Penetration-Test

Test, in dem versucht wird, Sicherheitslücken aufzuspüren

Prinzipien

Prinzipien unterscheiden sich von Tools. Sie sind auf einer höheren Ebene abstrakter. Wie und wann sie umgesetzt werden, braucht Erfahrung für die konkrete Umsetzung.

Product-Backlog

Priorisierte Liste von Anforderungen. Üblicherweise besteht das Backlog aus User-Storys. Es liegt in der Verantwortung des Product-Owners. Es dürfen jederzeit Änderungen vorgenommen werden.

Product-Owner

Verantwortet die Abstimmung von Produktanforderungen in der Organisation. Er ist für die Entwicklung des Produkts verantwortlich. Steht dem Team jederzeit für Fragen zum Produkt und Detailklärungen zur Verfügung.

Prototyp

Provisorische Darstellung von Ideen und Funktionen

Projektmanagement-Dreieck

Die drei Seiten stehen im Verhältnis zueinander. Wenn eine Dimension verändert wird, müssen die anderen entsprechend angepasst werden. Manchmal wird noch das Wort »magisch« ergänzt, auch wenn es nur logisch und nicht magisch ist.

Pull-Prinzip

Wenn eine Aufgabe erledigt ist, wird die nächste gezogen. Der Arbeiter bestimmt diesen Zeitpunkt selbst.

Q

R

Resonanz

In der Physik beschreibt Resonanz ein Mitschwingen. Hier geht es um ein inneres Mitschwingen oder Anklingen von äußeren Faktoren.

Retrospektive

Nur das Scrum-Team trifft sich, um gemeinsam Verbesserungen zu finden und zu beschließen. Diese Verbesserungen werden direkt im nächsten Sprint umgesetzt. Der Scrum-Master moderiert dieses Meeting.

Review-Meeting

In diesem Meeting werden die Ergebnisse des Sprints präsentiert. Relevante Stakeholder geben Feedback.

S

Scrum-Framework

Modell für die Zusammenarbeit im Team. Der Rahmen für die Zusammenarbeit muss in den jeweiligen Arbeitskontext eingepasst werden.

Scrum-Master

Er coacht das Team zur optimalen Nutzung von Scrum. In seiner Verantwortung liegt der Prozess der Entwicklung.

Scrum-Säulen

Dies sind die Grundpfeiler, auf denen das Scrum-Framework entstanden ist.

Scrum-Prinzipien

Sind Glaubenssätze für die Ausrichtung der Prozesse.

Scrum-Werte

Sind gelebte Werte, durch die Scrum erst wirklich funktioniert. Sie können im Konflikt zu Werten einer Kultur oder einer Organisation stehen.

Selbstorganisation

Art der Steuerung von Teams ohne Hierarchie

Serving Leadership

Führung wird als Dienstleistung für das Team verstanden. Die Führungskraft darf keine Entscheidungen treffen.

Sprint

Ein Sprint ist ein vordefiniertes Zeitintervall, dessen Länge nicht diskutiert wird. Nach einem Sprint folgt immer der nächste Sprint. Es entsteht ein zyklisches Vorgehen.

Sprint-Backlog

Liste der Anforderungen, die das Team plant, in einem Sprint umzusetzen. Das Team ist der Owner dieser Liste. Nur mit Zustimmung des Teams dürfen Änderungen vorgenommen werden.

Sprint-Planning

Hier wird das Sprint-Backlog aus dem Product-Backlog vom Team selektiert. Es stellt den Auftakt eines neuen Sprints dar.

Stakeholder

Kann mit Interessent übersetzt werden. Hat oft nur einen indirekten Einfluss.

Story-Map

Sortiert viele User-Storys, die zu einem gemeinsamen Workflow gehören, in einer Übersicht.

Story-Point

Dimensionslose Zahl, die von jedem Entwickler im Team im Planning-Poker geschätzt wird

T

Team

Das Team ist interdisziplinär besetzt. Es hat alle Kompetenzen, um Anforderungen umzusetzen. Das Team ist selbstorganisiert und stimmt sich auf Augenhöhe ab.

Timebox

Hier wird eine Handlung nach einer vorher bestimmten Zeit beendet. Jedes Ergebnis wird nach Ablauf der Timebox akzeptiert. Dies hilft den Teams in der

Regel, den Fokus für diese Zeit auf einem Thema zu halten. Die Ergebnisse werden oft in kürzerer Zeit besser.

Tools und Prozesse

Sind Werkzeuge, die Agilität unterstützen. Manchmal ist es jedoch besser, sie nicht zu nutzen. Um das im Detail herauszufinden, braucht es Werte und Prinzipien.

Transformation

Ein Schmetterling geht eine Transformation von der Raupe zum Schmetterling ein. Er ist nachher nicht mehr derselbe. Der Wesenskern hat sich verändert.

U

UAT

Abnahmetest durch die verantwortlichen Abteilungen im Business

User-Story

Leichtgewichtige Art, Anforderungen aus Perspektive des Anwenders darzustellen

V

Virtualisierung

Server ohne Hardware

W

Workflow

Ist eine Abfolge von Arbeitsschritten, die immer gleich ist.

Work in Progress

Summe der angefangenen und noch nicht abgeschlossenen Arbeit

Work-in-Progress-Limit

Ist eine Zahl, die nicht überschritten werden darf. Sie hat das Ziel, die angefangene Arbeit zu begrenzen, um den Durchfluss zu erhöhen.

Stichwortverzeichnis